JN268252

理工系の
コンピュータ基礎学

工学博士 稲垣 耕作 著

コロナ社

まえがき

　大学初年級でのコンピュータ科学の入門的教科書として，旧著『コンピュータ科学の基礎』と『コンピュータ概説』は幸いにもそれぞれ十数刷を重ね，多くの大学で採用いただいた。今回，高等学校で情報科教育が開始されたのに伴い，ネットワーク時代の実践的な大学用教科書として，ここに装いを新たにすることとした。

　記述はつとめて平明を心がけ，わかりやすく進歩的な実学教科書であることを目指した。コンピュータという技術や思想がどういうものであるかを，できるだけ明快に理解できるように執筆しつつ，センスオブワンダーに満ちた書にすることを理想とした。

　この教科書は，理工系用だけでなく，題材を選んで教授すれば，文科系の学生向けにも使用可能である。専門学校などでも使っていただけるよう，情報処理技術者試験に特に配慮し，自習可能な読みやすさとした。なお，内容をより平明にした『コンピュータ基礎教程』（コロナ社）も併せて執筆した。

　多くの方たちが，コンピュータ科学の基礎知識を身につけ，親しみを感じていただけることを，つねづね願っている。「コンピュータを通じて，未来が多少なりとも見えてくる」というのが，著者の持論だからである。情報社会の健全な見方を養っていただく情報リテラシーの教科書とした。

　内容的には，本書の基本方針は，ネットワークとソフトウェア時代の教科書である。ただ，やや先を見越して，人工知能とロボティクス時代への"冒険"も取り入れてみた。人工知能やパターン認識を意識したアルゴリズムを各所にちりばめている。21世紀の新たな大変革を，われわれは眼前に見ようとしているのかもしれないというつもりである。

　本書で，コンピュータ・通信・人工知能などの基本概念とさまざまな工夫を

学んでいただきたい。コンピュータのメカニズムは，人間の頭脳とかなり異なっているし，さまざまな斬新なアイデアが盛り込まれている。デジタル技術が生活の隅々にまで浸透して，機械どうしが通信し合い，個人の好みや希望を自在に反映する時代がやってきている。コンピュータの最前線が果てしなく広がり続けていることを感じていただけるなら幸いである。

本は本から作られるというように，本書ができあがるまでには，きわめて多数の成書や論文などを参考にさせていただいた。基礎教育の教科書という性格上，すべての文献はあげきれなかったことをお許しいただきたい。ほんの一言で表現した記述の背後に，先達たちの数十年の成果がひそんでいることがあると感謝している。なお，用語はJISおよび数社の高等学校教科書にできるかぎり従ったが，長音記号の使用の不統一などには悩まされたことを付言したい。

旧著は京都大学でも半年講義コースなどで広く使われてきた。鳥井清司，森眞一郎，松本　治，松山隆司氏をはじめ，関連科目を担当される諸先生方からは，多くの貴重なご助言とご援助をたまわった。嶋　正利，長尾　真，上田晥亮，天野真家，堀山貴史，日野晴雄の諸氏にも謝意を表する。また出版にあたってはコロナ社の多大なお世話になった。なお，できるかぎり誤記の少ない書を心がけたつもりだが，もし内容に誤りがあった場合はすべて著者の責任である。

2006年2月

稲垣　耕作

目　　　次

1.　コンピュータとはなにか

1.1　計算する機械とは ………………………………………………………… *1*
　1.1.1　コンピュータは広く使われている ………………………………… *1*
　1.1.2　最初期のコンピュータ ……………………………………………… *2*
1.2　コンピュータの原理を考える …………………………………………… *3*
　1.2.1　デジタルとアナログ ………………………………………………… *3*
　1.2.2　メモリをもつ機械 …………………………………………………… *4*
　1.2.3　計算の手順を実行できる機械 ……………………………………… *5*
1.3　プログラム内蔵式コンピュータ ………………………………………… *7*
　1.3.1　プログラム内蔵式という発明 ……………………………………… *7*
　1.3.2　コンピュータのプログラム ………………………………………… *9*
1.4　コンピュータの歴史を概観する ………………………………………… *11*
　1.4.1　初期のコンピュータ ………………………………………………… *11*
　1.4.2　大型コンピュータをめざした時代 ………………………………… *13*
　1.4.3　小型コンピュータのネットワークをめざした時代 ……………… *14*
　1.4.4　多様な発展の時代へ ………………………………………………… *15*
1.5　コンピュータを使いこなすために ……………………………………… *16*
　1.5.1　コンピュータと情報リテラシー …………………………………… *16*
　1.5.2　コンピュータと周辺装置 …………………………………………… *17*
演　習　問　題 ………………………………………………………………… *20*

2. デジタル情報の世界

2.1 なぜデジタル情報が使われるのか………………………………………… *21*
   2.1.1 デジタル情報は精度が高い ………………………………………… *21*
   2.1.2 デジタル情報は信頼性がきわめて高い ………………………… *22*
   2.1.3 デジタル情報は統一的に扱える …………………………………… *23*
   2.1.4 高度なデジタル処理を行える ……………………………………… *23*
   2.1.5 デジタルは低コストかつコンパクトである ……………………… *24*
2.2 デジタルデータの表現 …………………………………………………… *24*
   2.2.1 2進法の数値 ………………………………………………………… *24*
   2.2.2 小数点数の表現 ……………………………………………………… *25*
   2.2.3 文字コード …………………………………………………………… *26*
2.3 情報量と情報圧縮 ………………………………………………………… *28*
   2.3.1 シャノンの情報理論 ………………………………………………… *28*
   2.3.2 デジタルデータの圧縮 ……………………………………………… *30*
   2.3.3 アナログからデジタルへの変換 …………………………………… *31*
   2.3.4 画像や音響情報の圧縮 ……………………………………………… *32*
2.4 デジタル表現で信頼性を向上させる ………………………………… *34*
   2.4.1 デジタルデータの誤り検出 ………………………………………… *35*
   2.4.2 デジタルデータの誤り訂正 ………………………………………… *36*
演 習 問 題 …………………………………………………………………… *38*

3. コンピュータと情報通信

3.1 発達する情報通信ネットワーク ……………………………………… *39*
   3.1.1 なぜ情報通信なのか ………………………………………………… *39*
   3.1.2 情報通信基盤 ………………………………………………………… *40*
   3.1.3 デジタル通信の効率性 ……………………………………………… *41*
3.2 データ通信とプロトコル ………………………………………………… *43*

3.2.1　データ通信の技術 ……………………………………… *43*
　　3.2.2　プロトコル ……………………………………………… *44*
　3.3　コンピュータネットワーク ……………………………………… *46*
　　3.3.1　ネットワークトポロジー ………………………………… *46*
　　3.3.2　LAN の技術 ……………………………………………… *47*
　　3.3.3　ネットワークの相互接続 ………………………………… *49*
　3.4　インターネット …………………………………………………… *50*
　　3.4.1　インターネットと TCP/IP ……………………………… *50*
　　3.4.2　IP というプロトコル …………………………………… *50*
　　3.4.3　TCP と UDP ……………………………………………… *52*
　　3.4.4　TCP/IP 上の各種プロトコル …………………………… *53*
　3.5　ワールドワイドウェブ（WWW）……………………………… *54*
　　3.5.1　Web とブラウザ …………………………………………… *54*
　　3.5.2　Web ページ記述言語 HTML ……………………………… *55*
　　3.5.3　Web 検索 …………………………………………………… *57*
　演 習 問 題 ……………………………………………………………… *58*

4．プログラムを作る

　4.1　機械語のプログラム ……………………………………………… *60*
　　4.1.1　命令セットと機械語 ……………………………………… *60*
　　4.1.2　アセンブラ言語 …………………………………………… *61*
　　4.1.3　マイクロプログラムとファームウェア ………………… *62*
　4.2　高 級 言 語 ………………………………………………………… *63*
　　4.2.1　高級言語のプログラミング ……………………………… *63*
　　4.2.2　高級言語のいろいろ ……………………………………… *64*
　　4.2.3　高級言語の実行 …………………………………………… *66*
　4.3　プログラムの作り方 ……………………………………………… *68*
　　4.3.1　プログラミングに慣れる早道 …………………………… *68*
　　4.3.2　バグとデバッグ …………………………………………… *70*

4.4 プログラミングのテクニック ……………………………………… 71
　4.4.1 方程式を解く方法 —— 数値解析 ……………………………… 71
　4.4.2 データ構造 ……………………………………………………… 73
　4.4.3 サブルーチン …………………………………………………… 74
4.5 新しいプログラム言語 ……………………………………………… 76
　4.5.1 オブジェクト指向言語 ………………………………………… 76
　4.5.2 イベント駆動とビジュアルプログラミング ………………… 78
　4.5.3 スクリプト言語とCGI ………………………………………… 80
演 習 問 題 ……………………………………………………………… 81

5. アルゴリズムを工夫する

5.1 アルゴリズムという概念 …………………………………………… 82
　5.1.1 アルゴリズムとはなにか ……………………………………… 82
　5.1.2 アルゴリズムの設計で考慮すべきこと ……………………… 83
　5.1.3 数式を工夫する例 ……………………………………………… 84
5.2 高速のアルゴリズムを考える ……………………………………… 85
　5.2.1 バブルソートのアルゴリズム ………………………………… 85
　5.2.2 マージソートのアルゴリズム ………………………………… 87
　5.2.3 マージソートの高速性 ………………………………………… 89
5.3 計算量とさまざまなアルゴリズム ………………………………… 91
　5.3.1 計算量のオーダ ………………………………………………… 91
　5.3.2 高速フーリエ変換 ……………………………………………… 92
　5.3.3 動的計画法 ……………………………………………………… 95
5.4 アルゴリズムとコンピュータの限界 ……………………………… 97
　5.4.1 コンピュータの性能とアルゴリズム ………………………… 97
　5.4.2 計算量が非常に多い問題 ……………………………………… 98
　5.4.3 NP 完 全 性 ……………………………………………………… 100
演 習 問 題 ……………………………………………………………… 102

6. ハードウェア設計の基礎

6.1 論理代数と論理回路 ……………………………………………… *103*
  6.1.1 論 理 代 数 ……………………………………………… *103*
  6.1.2 論理代数の性質 ……………………………………………… *105*
6.2 トランジスタと論理回路 ……………………………………… *107*
  6.2.1 トランジスタの動作原理 …………………………………… *107*
  6.2.2 トランジスタ論理回路 ……………………………………… *108*
6.3 組み合わせ回路の設計 ………………………………………… *110*
  6.3.1 組み合わせ回路の実現法 …………………………………… *110*
  6.3.2 組み合わせ回路の簡単化 …………………………………… *112*
  6.3.3 加算回路の設計 ……………………………………………… *114*
6.4 メモリ回路と順序回路 ………………………………………… *116*
  6.4.1 メ モ リ 回 路 ……………………………………………… *116*
  6.4.2 フリップフロップ …………………………………………… *117*
  6.4.3 順 序 回 路 ……………………………………………… *119*
6.5 コンピュータのハードウェア ………………………………… *121*
  6.5.1 CPU の内部回路 ……………………………………………… *121*
  6.5.2 スーパーコンピュータ ……………………………………… *122*
演 習 問 題 ……………………………………………………………… *124*

7. システムとしてのコンピュータ

7.1 コンピュータのシステム設計 ………………………………… *125*
  7.1.1 バスとインタフェース ……………………………………… *125*
  7.1.2 割り込みという機能 ………………………………………… *127*
  7.1.3 記憶の階層（1）—— キャッシュメモリ ………………… *129*
  7.1.4 記憶の階層（2）—— 仮想記憶 …………………………… *131*

7.2 オペレーティングシステム……………………………………………… *133*
   7.2.1 オペレーティングシステムとはなにか………………………… *133*
   7.2.2 オペレーティングシステムの役割……………………………… *134*
   7.2.3 オペレーティングシステムの構造……………………………… *136*
   7.2.4 オペレーティングシステムの管理機能………………………… *138*
7.3 並 行 処 理……………………………………………………………… *140*
   7.3.1 並行処理によるプログラムの実行……………………………… *140*
   7.3.2 マルチプログラミングとマルチタスク………………………… *142*
   7.3.3 スケジューリングと相互排除…………………………………… *143*
7.4 大型コンピュータシステム……………………………………………… *145*
演 習 問 題……………………………………………………………………… *146*

8. さまざまな情報処理

8.1 データベースと情報検索……………………………………………… *147*
   8.1.1 大量のデジタルデータ…………………………………………… *147*
   8.1.2 データベースとはなにか………………………………………… *148*
   8.1.3 データ探索のアルゴリズム……………………………………… *150*
   8.1.4 データモデル……………………………………………………… *152*
   8.1.5 データベース言語と応用………………………………………… *154*
8.2 コ ン パ イ ラ……………………………………………………………… *154*
   8.2.1 コンパイラの仕組み……………………………………………… *154*
   8.2.2 逆ポーランド記法とスタック…………………………………… *156*
   8.2.3 コンパイルとプログラムの実行………………………………… *159*
8.3 コンピュータグラフィックスとシミュレーション…………………… *161*
   8.3.1 コンピュータグラフィックス…………………………………… *161*
   8.3.2 シミュレーション技術…………………………………………… *163*
演 習 問 題……………………………………………………………………… *165*

9. 知的情報処理

9.1 人工知能 ··· *166*
  9.1.1 問題解決とゲームの対戦 ································· *166*
  9.1.2 木構造と自然言語処理 ···································· *168*
  9.1.3 木 探 索 法 ·· *171*
  9.1.4 知 識 表 現 ·· *172*
  9.1.5 人工知能の多様な展開 ···································· *174*

9.2 学習・進化する機械 ·· *176*
  9.2.1 ニューラルネットワーク ································· *176*
  9.2.2 遺伝的アルゴリズム ······································· *178*

9.3 パターン情報処理 ·· *179*
  9.3.1 画 像 処 理 ·· *179*
  9.3.2 パターン認識 ·· *181*
  9.3.3 コンピュータビジョン ···································· *183*

演 習 問 題 ··· *186*

10. コンピュータ科学の諸課題

10.1 複 雑 さ の 壁 ··· *187*
  10.1.1 複雑さの壁への挑戦 ······································· *187*
  10.1.2 ソフトウェア工学 ·· *188*
  10.1.3 複雑系の科学 ··· *189*

10.2 計算のパラドックス ··· *193*
  10.2.1 チューリング機械と停止問題 ························ *193*
  10.2.2 論理とパラドックス ······································· *195*
  10.2.3 ゲーム理論におけるパラドックス ················ *196*

10.3 複雑さに挑戦する技術 ·· *199*
  10.3.1 非ノイマン型コンピュータ ···························· *199*

  10.3.2　暗号と情報セキュリティ……………………………………… *200*
10.4　人間社会とコンピュータ ……………………………………………… *202*
  10.4.1　安全な情報社会………………………………………………… *202*
  10.4.2　より人間的な社会をめざして………………………………… *205*
演 習 問 題……………………………………………………………………… *206*

参 考 文 献 ………………………………………………………………… *208*
演習問題の略解 ……………………………………………………………… *210*
索　　　　引 ………………………………………………………………… *218*

1
コンピュータとはなにか

　コンピュータはごく身近な道具として，日常生活に浸透している。コンピュータはどうしてデジタル方式を採用したのだろうか。この章では，コンピュータという機械のおおまかな原理と，その発展の歴史をかいつまんで述べよう。また，コンピュータの使い方についても導入を行う。

1.1 計算する機械とは

1.1.1 コンピュータは広く使われている

　人類の十大発明をあげると，**コンピュータ**（computer）という装置が，確実にその中に入ってくるだろう。この計算する機械は，日常生活にすっかり浸透して，われわれの文化という領域にまで影響を与えている。

　たいていの家電製品を分解してみれば，それらが**マイクロコンピュータ**（microcomputer）あるいは**マイクロコントローラ**（microcontroller）と呼ぶ部品で制御されていることがわかる。マイコンともいう。また新聞や本はコンピュータ植字，町を歩いても，自動車や信号機はマイコンを使用し，空中には目に見えないデジタル信号の電波が無数に飛びかっている。

　特殊撮影のSFX（special effects）映画はむろんのこと，テレビのコマーシャルなどにも，コンピュータグラフィックス技術が日常的に多用されている。多くの工業製品もコンピュータ上で設計され，整った3次元形状が生成される。

　高度に機械化された人工の環境が，コンピュータネットワーク上に張り巡らされている時代である。人間自身がネットワークから得る情報よりも，機械ど

うしの交信の方がどんどん多くなっている。コンピュータはその形をさまざまに変え，ロボットという姿をもとって，日常生活へと浸透している。

　コンピュータ分野では，10年で100倍という性能向上が長く続いた。急速な変化の中で，われわれは情報のパーソナル化の恩恵をこうむり，かつてなら個人がもちえないほどの計算能力と情報収集能力を手中にした。**パーソナルコンピュータ**（personal computer，**パソコン**と略す）1台の四則演算能力は，とうの昔に，人類全員を相手にしても勝つレベルである。そのような技術の進歩には恩恵とともに脅威もある。

1.1.2　最初期のコンピュータ

　さまざまな場面で利用されているコンピュータも，元は計算する（compute）という目的のために開発された。精度の高い数値計算を，高速で実行する機械というものを，人類は長らく求めていたのである。

　コンピュータの誕生が世界に広く知られたのは，第2次世界大戦後まもなく，1946年のことだった。最初期のコンピュータとして最も有名な**ENIAC**（エニアック）（Electronic Numerical Integrator And Computer）が，アメリカのペンシルベニア大学で動き始めた（図1.1）。

　このENIACは，1秒間に5 000回程度の計算を行うことができた。その計

図1.1　最初期のコンピュータ ENIAC

算速度は，人間に比べてあまりにも高速だったため，「弾よりも速いコンピュータ」と呼ばれ，「3台あれば世界の計算需要をまかなえる」とまで人々を驚かせた。

まだトランジスタが発明されていない時代だったので，真空管式のコンピュータである。約18 000本の真空管を使用し，ENIACの電源を入れると，大学の近隣の家々で，電灯が一瞬暗くなったという伝説さえある。当時の超巨大マシンだ。

例えば円周率の計算の場合，人が手計算で達した世界記録は，19世紀の707桁だった。ENIACはその記録をいとも簡単に塗り変えた。そして人間の計算結果には，小数第528位に誤りがあることを発見した。ENIACの出現以来，世界一の計算上手は，人間から機械へと移った。

1.2 コンピュータの原理を考える

1.2.1 デジタルとアナログ

計算する機械を作れといわれたら，どう設計するだろうか。ENIACの時代に戻ったとして，もしわれわれがコンピュータを設計する立場だったとしたら，どのような設計がよいかを考えてみよう。つまり，ここでコンピュータを"発明"してみようというのである。

1642年に，フランスのパスカル（Blaise Pascal）は，歯車式の計算器を17歳で製作した（**図1.2**）。のちに哲学者として有名になったパスカルである。そ

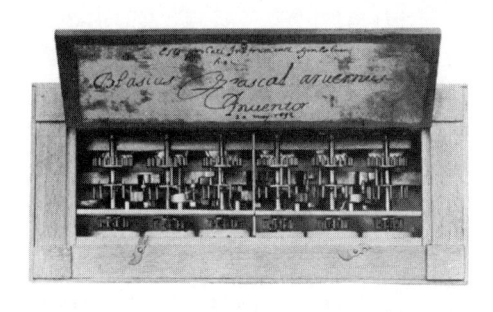

図1.2 パスカルの計算器の内部構造

れは歯車の組み合わせで電卓のような計算機能を実現する機械だった。

そのような計算器も便利なものだが，数値を入れるたびに，計算結果が1つずつ出てくるだけである。例えば100個の数値の足し算を，人間の1000倍の速さで計算するためには，そのような設計法は適さない。ただ，パスカルの計算器は，重要な考え方を含んでいた。**アナログ**（analog）式ではなく，**デジタル**（digital）式だったということである。

アナログ式は，計算精度に問題がある。アナログ式で計算機械を作ったとすると，普通の作り方では，精度はたかだか3～4桁しかとれないだろう。さらに精度を上げようとすると，例えば室温を一定にする設備が必要になるなど，膨大なコストを要する。電卓並みに8桁以上の計算精度を実現するのは，まず至難の技である。

一方，デジタル式は，コストをあまり上げないで，高い精度を実現しやすい。パスカルの計算器の構造や，電卓の数字表示部を見てもわかるように，デジタル式装置は，桁数に比例する程度のコストで製作できるのである。つまり，デジタル式は，非常に高い精度の計算をする機械を，比較的安いコストで作れる。しかも，8桁や10桁の計算でも，最小桁までつねに同じ結果を得られて，再現性のきわめて高い計算を行えるという特徴をもっている。

0か1の1桁を**ビット**（bit）という単位で表現するが，デジタル式はたった1ビットを記憶するのに，通常は真空管を2本要する。ENIACの当時，アナログ式なら真空管1本で有効数字3桁程度の10進数を扱えたにもかかわらず，デジタル式を選んだのは大きな英断だった。そのことも記憶にとどめておいてよい。

1.2.2　メモリをもつ機械

デジタル式で計算機械を作るのが，よい方式でありそうなことがわかった。しかし，電卓のような設計にするのではなくて，たくさんの計算を自動的に行うような機械にしたい。そのためには何が必要だろうか。実際のところ，このあたりから，計算機械のイメージというのは，山ほど考えることができるよう

になってくる。どの方式が最も優れているかを決めるのは容易でない。

いろいろな大量計算の例を想定してみるべきである。100個の数値を足し算するにはどうすべきか。7桁の対数表をすべて計算するにはどうすべきか。たくさんの素数を順に並べた表を作るには，どうすべきか。そういった応用をいろいろ考えていって，できるだけさまざまな応用に使えて，しかも実現性の高い方式が優れていると判定されるわけである。

例えば，$(2×3)+(4×5)$ という計算を考えてみよう。$2×3$ を計算した答え 6 をいったん人間に知らせて，次に $4×5$ の答え 20 を知らせ，それから人間にもう一度 6 と 20 を入力させていたのでは，あまり優れた方式だとはいえない。計算を自動化するためには，$2×3$ を計算した結果を，内部で保持している必要がある。そのために，**メモリ**（memory）と呼ぶべき回路が必要になる。記憶回路である。メモリの実現方式は 6.4 節で述べるが，コンピュータという装置には，計算回路だけでなくて，記憶回路も必須なのである。

じつはコンピュータとは，いわばメモリの塊である。高速で計算できるとともに，記憶したことを忘れないのが，人間を超える大きな特徴である。計算回路とメモリの組み合わせという形がコンピュータの本質だと考えて，その設計を行うのがよい。

1.2.3　計算の手順を実行できる機械

ENIAC の当時，三角関数表など数表の作成を効率化するのが大きな眼目だった。その点で目標が単純で現実的だった。もしも人間の脳に似た"考える機械"をめざしていたなら，とうてい成功しなかっただろう。開発にあたって，合理的な目標を定めることは非常に重要である。

数表の例題として，$y=10\,000×1.03^x$ という計算をしてみよう。年利 3％の 1 年複利で，10 000 円を 100 年間，預金したとき，毎年の元利合計がいくらになるかを計算したい。こういう計算ができるためには，どんなメカニズムが必要だろう。1.03 という定数を内部回路に記憶していれば，電卓で計算できる。しかし電卓だと，何回掛けたのか，キーをたたいた回数を人間が計数し続

1. コンピュータとはなにか

けないといけない．その計数という機能を自動化できれば，コンピュータのメカニズムとして採用できるだろう．

フローチャート（flowchart）という記法が，コンピュータ分野でしばしば用いられている．**流れ図**ともいう．計算の手順を図で表現したものである．難しくないので紹介すると，複利計算のフローチャートは**図1.3**のようになる．このようなフローチャートを，コンピュータが自動的に理解して計算を実行できるなら，数表の計算などさまざまな応用に使えるだろう．

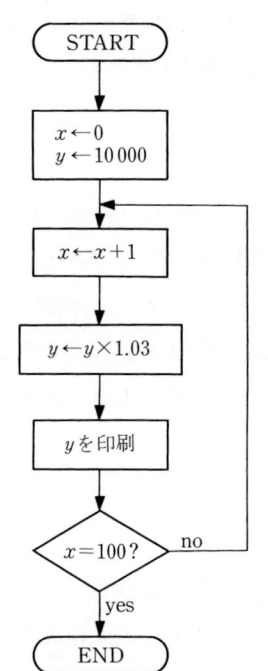

```
        START
          ↓
      x ← 0
      y ← 10 000
          ↓
    ┌────→
    │     ↓
    │   x ← x+1
    │     ↓
    │   y ← y×1.03
    │     ↓
    │   y を印刷
    │     ↓
    │   ◇ x=100? ─── no
    └─────┤
          │ yes
          ↓
        END
```

図1.3 複利計算のフローチャートの例

この図で，「$x \leftarrow 0$」などの表現は代入を意味している．また「$x=100?$」という判定に基づいて分岐しているのが特徴的である．この図を追ってみて，1年目から100年目まで順に元利合計が印刷できることがわかるなら，デジタル思考の重要部分を素直に理解できたといえる．よく見てほしい．

ENIACでの実現法はきわめて原始的だった．このような計算の手順を，配線盤にプラグを差すという方式で実現したのである．つまり，このような計算

手順の表現法を思いついて，それを電子回路技術で実現できるなら，だれでもコンピュータの発明者になれる可能性があったということである。演算回路の設計は6章で述べるが，優秀な技術者ならあまり難しくない。

1.3 プログラム内蔵式コンピュータ

1.3.1 プログラム内蔵式という発明

ところが，ENIACを製作しているうちに，技術者たちはその欠点に気づいた。複雑な計算を実行させる際，配線盤を使っていては，配線にかなり時間がかかってしまうのである。その待ち時間ばかり多くては，せっかくの高速コンピュータの能力を生かしきれない。そこで彼らは，**プログラム**（program）という形で，フローチャートの内容を表現することを思いついた。残念ながらENIACでは実現されなかったが，最も重要なアイデアに到達したのである。

フローチャートでの指示と同等の内容を，**命令**（instruction）の並びとして表現して，それをプログラムと呼ぶ。そのプログラム（当時は紙カードや紙テープにパンチ穴を開けた媒体で読み取らせた）をコンピュータのメモリに入力して，それを実行させるのである。

このような方式のコンピュータを，**プログラム内蔵式コンピュータ**（stored program computer）という。コンピュータは以後，この基本方式を採用して発展してきたし，現在のコンピュータのほとんどもこの方式を使用している。ENIACグループでの発明として有名だが，ノイマン型コンピュータ（von Neumann-type computer）と呼ばれることもある。また，のちに機械を**ハードウェア**（hardware），プログラムやデータなどを**ソフトウェア**（software）と呼ぶようになった。略してハード，ソフトともいう。その分離がコンピュータのめざましい発展の原動力となったのである。

さて，どのようにすれば，フローチャートを，プログラムという形に表現できるのだろうか。それを考えるために，全体としてのコンピュータの構造をおおまかに決めよう。

1. コンピュータとはなにか

プログラム内蔵式のコンピュータは，**中央処理装置**（central processing unit）あるいは **CPU** と呼ぶ部分と，メモリから構成される。メモリには番地がつけられている。図 1.4 のように略記できる。プログラムやデータを入力する装置や，計算結果を表示する装置なども必要だが，いまは省略している。マイクロプロセッサの場合，CPU のことを **MPU**（microprocessing unit）と呼ぶことがある。また，メモリは**主記憶**（main memory）とも呼ばれる。

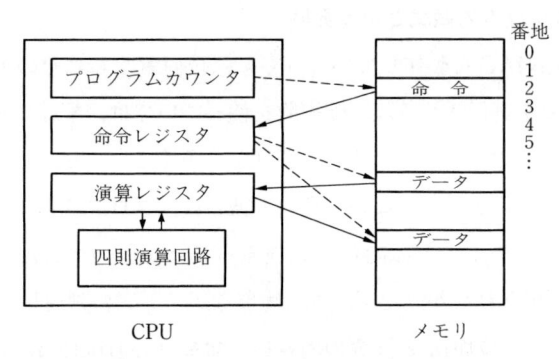

図 1.4 プログラム内蔵式コンピュータの構造

メモリの構造はごく簡単だ。メモリを**語**（word）という単位の集まりとして，各語に 0 番地，1 番地，2 番地，…というように**番地**（address）をつけていく。簡単のために 1 語で 1 命令を表現できるとして，0 番地の命令を実行したら，次は 1 番地の命令を実行するといったふうに動くと考えておく。そして，どこかの番地に判定命令があったら，その条件に従って，離れた番地にジャンプすると想定しておく。なお，コンピュータ分野では，1 からではなく，0 から数えることが非常に多い。

CPU の内部には，**演算回路**（arithmetic circuit）がなければならない。また，**レジスタ**（register）あるいは置数器と呼ばれるメモリをおく。読み込んだ命令を入れて，それを解読するための命令レジスタ，演算用のデータを格納する演算レジスタだ。あと必要なのは，メモリ上でのプログラムの番地を指し示すプログラムカウンタだ。それらを制御する回路は，きちんと考えれば，なんとか設計できるはずである。

1.3.2 コンピュータのプログラム

ごく簡単な構造のコンピュータである。CPU は，四則演算回路を 1 つもっている。命令を解読する回路ももっている。また，プログラムカウンタ，命令レジスタ，演算レジスタという記憶回路がある。

このコンピュータをスタートさせると，プログラムカウンタの値は最初は 0 であり，0 番地に入っている 1 語を，命令レジスタにコピーしてきて，それを解読する。その間に，プログラムカウンタの内容は 1 つ増やされ，次の 1 番地にある命令を読み込む準備がなされる。

そして，例えば 13 番地のデータを演算レジスタの内容に足せという命令だと解読したなら，制御回路が働いて，13 番地のデータを読み出して，実際に足し算を行う（メモリからの読み出しはつねにコピー操作であって，メモリ側にもデータが残る）。

このように命令の読み出し解読と，その実行という 2 サイクルを基本とするのが特徴である。前者を**フェッチサイクル**（fetch cycle），後者を**実行サイクル**（execution cycle）と呼ぶ。

一例として，コンピュータが**表 1.1** のような命令を実行できることにしよう。ADD, SUBTRACT, MULTIPLY, DIVIDE は四則演算命令だ。指定したメモリ番地に入っているデータを取ってきて，演算レジスタの内容と演算を行う。

表 1.1　コンピュータの命令セットの一例

命　令	計　算　の　内　容
ADD	2 つの数の足し算を行う
SUBTRACT	2 つの数の引き算を行う
MULTIPLY	2 つの数の掛け算を行う
DIVIDE	2 つの数の割り算を行う
LOAD	メモリからデータを読み出す
STORE	メモリにデータを書き込む
JUMP	指定されたメモリ番地にジャンプする
JUMPZERO	演算レジスタの内容が 0 ならジャンプする
HALT	停止する
PRINT	演算レジスタの内容を印刷する

演算レジスタへの読み書きのために，LOAD，STOREという命令がある。LOADという命令は，指定したメモリ番地にあるデータを，演算レジスタにコピーする。STOREという命令は，逆に，演算レジスタにあるデータを，指定したメモリ番地にコピーする。

JUMP命令は，指定した番地の命令にジャンプする。実現は簡単である。命令レジスタに読み込んだ番地データを，実行サイクル時にプログラムカウンタにセットすればよいだけだ。また，JUMPZEROという命令は，演算レジスタの内容が0なら，ジャンプ先の番地をプログラムカウンタにセットし，0でなければなにもしない（1つ次の番地へ進むだけである）。このほかに，HALTという停止命令や，PRINTといって，演算レジスタの内容を印刷する命令も用意しておこう。

コンピュータ用の命令の組を，**命令セット**（instruction set）という。表1.1に示したのは，ごく簡単な命令セットだが，これでもコンピュータとして十分に機能する。

図1.3に示した複利計算のフローチャートを，この命令セットを用いてプログラムにすると，**図1.5**のようになる。フローチャートと対応をとりながら，

番地	プログラム	
0	LOAD	12
1	ADD	13
2	STORE	12
3	LOAD	15
4	MULTIPLY	16
5	STORE	15
6	PRINT	
7	LOAD	12
8	SUBTRACT	14
9	JUMPZERO	11
10	JUMP	0
11	HALT	
12	0	
13	1	
14	100	
15	10000	
16	1.03	

図1.5 複利計算のプログラムの例

プログラムを読んでみてほしい。15番地に10 000という値が入っていて，16番地に1.03という値が入っている。演算レジスタを利用しながら，100年分の元利合計を計算する。

かなりあっけない話だが，これが現代的なコンピュータという装置の基本方式である。計算するだけなら，このコンピュータでなんでも解くことができる。コンピュータ画面も，1点ごとにこんな方法で丹念に描画しているだけである。実用されているコンピュータは，レジスタが多数あったり，便利そうな命令や回路をさらに付け足しているが，基本方式はこのままである。

1.4　コンピュータの歴史を概観する

1.4.1　初期のコンピュータ

初期のコンピュータは，こんなふうにして構想された。1946年に完成したENIACは，高射砲の弾道計算を主目的に設計された。高射砲で飛行機を撃ち落とすときに，どの方向に高射砲を向けたらよいかという数表を計算するコンピュータだったのである。

もっとさかのぼれば，表1.2に示すように，歯車式の解析機関などが19世紀に構想された。真空管式コンピュータ以前に，電磁リレーのON，OFFを1と0に対応させるリレー式コンピュータもあった（リレーとは電磁式のスイッチである）。また，ENIACが真空管式の最初だというわけではなく，アメリカやイギリスでは，初期のアイデアが先駆者たちによって試みられた。

ただ，ENIACは最初期のコンピュータとして，その存在を非常によく知られており，実際に本格稼働した。また1951年にユニバック社から発売された世界最初の商用コンピュータの原型にもなっている。そういう点で，ENIACの誕生をコンピュータの誕生と重ねて考えることが多い[†]。

[†] 1973年にENIACの特許は，ハネウェル社との裁判で敗れている。ハネウェルはABCマシンを証拠として持ち出したが，ENIACの特許出願が，技術公開後1年以内になされなかったことが無効の主たる理由となった。なお，ABCマシンは未完のプロジェクトだった。

1. コンピュータとはなにか

表 1.2 コンピュータ関連の歴史年表

年代	事項
1642	パスカルの計算器（仏）
1823	階差機関の設計（バベッジ，英）
1833	解析機関の構想（バベッジ，英）
1889	パンチカード式統計機（ホレリス，米）
1936	万能チューリング機械の理論（チューリング，英）
1939	真空管式 ABC マシン（アタナソフ/ベリー，米）
1944	電子式暗号解読機コロッサス（チューリング，英）
	リレー式ハーバード Mark I（エイケン，米）
1946	ENIAC（エッカート/モークリー，米）
1948	トランジスタの発明（ショックレー他，米）
1949	プログラム内蔵式 EDSAC（ウィルクス，英）
1951	商用機 UNIVAC I（米）
1952	プログラム内蔵式商用機 IBM 701（米）
1954	リレー式 ETL Mark-I（電気試験所，日）
1956	真空管式 FUJIC（岡崎文次，日）
1957	プログラム言語 FORTRAN（バッカス，米）
1959	集積回路の特許出願（キルビー，米）
1964	IBM 360 シリーズ（米）
1966	オペレーティングシステム OS/360（IBM，米）
1968	郵便番号制度（日）
1969	アポロ 11 号の有人月飛行（米）
	分散ネットワーク ARPANET（米）
	UNIX オペレーティングシステム（AT&T ベル研究所，米）
1971	マイクロプロセッサ 4004（嶋正利/ホフ，日/米）
1972	電子メールを ARPANET で開始（米）
1973	イーサネット（メトカーフ，米）
1974	パーソナルコンピュータ ALTAIR 8800（MITS，米）
1975	パソコン用 BASIC，マイクロソフト社設立（ゲイツ，米）
1976	スーパーコンピュータ Cray-1（クレイ，米）
1978	RSA 公開鍵暗号（リベスト/シャミール/エードルマン，米）
	日本語ワードプロセッサ（森健一/河田勉/天野真家，日）
1981	MS-DOS（マイクロソフト，米）
1982	IBM パーソナルコンピュータ PC（米）
	コンパクトディスク（ソニー/フィリップス，日/蘭）
1983	ゲーム機ファミリーコンピュータ（任天堂，日）
1985	Windows（マイクロソフト，米）
1989	World Wide Web（バーナーズ-リー，スイス）
1991	MPEG-1 デジタル動画圧縮規格
1995	インターネットの完全商用化
	ヤフー設立（米）
1997	チェスの世界チャンピオンを破る（タン/スー他，IBM，米）
1998	グーグル設立（米），地上デジタル放送開始（英）
1999	携帯電話 i モード（NTT ドコモ，日）
2000	二足歩行ロボット ASIMO（ホンダ，日）
	インターネット常時接続の普及
2001	携帯音楽プレーヤなどデジタル家電の普及
	サイバー犯罪条約
2003	ヒトゲノム解読宣言（米）
2005	個人情報保護法の完全施行（日）

世界最初のプログラム内蔵式コンピュータは，ENIAC グループを含めて，複数の機関で開発競争が行われた。1949 年にイギリスのケンブリッジ大学で稼働した EDSAC が先んじた。そして 1952 年には，アメリカの IBM 社が，最初の商用のプログラム内蔵式コンピュータ IBM 701 を発売する。以後，コンピュータは科学技術計算や事務計算用に急速に普及することになる。

日本の電子式コンピュータは，1956 年に富士フイルムで稼働した FUJIC が最初である。カメラのレンズを設計するために開発された。この当時，日本のコンピュータ開発は，アメリカに比べてほぼ 10 年遅れていた。

1.4.2 大型コンピュータをめざした時代

初期のコンピュータは，計算することを主目的としていた。1950 年代から 1960 年代にかけて，多くの商用コンピュータがその思想を受け継いだ。代表的なのは，1964 年に発表された IBM 360 シリーズである。このシリーズの最上位機は，世界最大規模の商用コンピュータをめざした。1960 年代末ごろには，アメリカのアポロ計画という有人月飛行計画のメインコンピュータとして使用された。

コンピュータが大型化した背景には，IBM 社が唱えた**グロッシュの法則**（Grosch's law）という経験則があった。「コンピュータの性能は価格の 2 乗に比例する」という法則である。2 倍の価格のコンピュータを買えば，4 倍の性能を得られるという傾向があったわけだ。1950 年代から 1970 年代にかけて，この法則は実際に信じられていた。

大型化の道を進んだコンピュータは，当初は真空管技術で製作された。その後，トランジスタ式のコンピュータが一般的になった。そして IBM 360 シリーズから**集積回路**（integrated circuit）すなわち **IC** が用いられるようになった。1970 年代には，**大規模集積回路**（large scale integration）すなわち **LSI** が使用されるようになり，1 **チップ**（chip）内に多数のトランジスタが集積される時代が訪れた。

この当時のコンピュータは，大規模計算のためだけでなく，たくさんの端末

装置を通信回線で結んで,**オンラインシステム**(online system)を構築するのにも用いられ始めた.飛行機や列車の座席予約システムや,銀行の預金システムなどである.また,多数の人たちが大型コンピュータを会話型モードで使うという,時分割処理システム(time sharing system, TSS)も実現された.コンピュータと通信の融合という方向性が,徐々に芽ばえ始めた.

1960 年代末の超大型コンピュータの性能とその後のパソコンとの比較を,**表 1.3** に示しておこう.アポロ計画が行われた時代のコンピュータである.パソコンは 20 年ほどでその性能レベルに達した.コンピュータの性能だけでいえば,人類史に残るプロジェクトも,現在は個人のポケットの中でコントロールできる.それほどの大変化が何十年かの間に起こったわけである.

表 1.3　1960 年代末の超大型コンピュータとの比較

	IBM 360-91 (1969 年当時)	パソコンが到達した 年代
処理単位	32 ビット	1980 年代半ば
主記憶容量	1〜4 メガバイト	1990 年前後
演算回数/秒	約 800 万回	1980 年代半ば
磁気ディスク	数百メガバイト	1990 年代前半

1.4.3　小型コンピュータのネットワークをめざした時代

1971 年はひとつのエポックを画する年となった.嶋 正利らの設計によって,**インテル 4004**(Intel 4004)という世界最初の**マイクロプロセッサ**(microprocessor)が,アメリカのインテル社から登場したのである.

マイクロプロセッサが出現することによって,コンピュータの概念は根本的に変化し始めた.かつては,**中央集中型**の大型コンピュータを皆で使おうという考え方が支配的だった.その方がコスト性能比がよいと思われていた.しかし,マイクロプロセッサを使えば,安価な個人用コンピュータを作れるのではないか,という発想が生まれた.

1974 年になって,パソコンが誕生する.パソコンの時代が始まったのだ.1978 年には,**日本語ワードプロセッサ**(word processor)も発売された.ワ

ークステーション（workstation）と称して，主として技術者向けに設計された高機能個人用コンピュータも登場した。

1980年代以後は，パソコンが爆発的に普及し始めた時代である。1990年代半ばには，世界のパソコンの出荷台数は自動車を超えた。パソコンは情報化のひとつの中核となった。

1970年代の末ごろから，半導体マイクロチップ技術は，**超 LSI**（very large scale integration，**VLSI**）の時代を迎えた。マイクロチップの進歩はすさまじい。インテル社は，1965年から**ムーアの法則**（Moore's law）を唱えていた。「1年から2年で2倍の集積度の向上を続ける」という法則だ。過去の実績である約1年半で2倍なら，10年で約100倍である。20年で1万倍，30年で100万倍にも達する進歩を実現したのだから，まさに革命的である。

この時代の特徴は，小型コンピュータが情報通信ネットワークに接続され，**分散型**の利用が進展したことである。コンピュータは単に計算の道具ではなく，**ヒューマンインタフェース**（human interface）を向上させたデジタルメディアとなり，コミュニケーションの道具という用途を付け加えた。世界中から情報を得たり，個人が自在に情報発信を行える時代が到来した。個人が世界と直結するという，かつてなかった大変化である。

1.4.4 多様な発展の時代へ

大型コンピュータからパソコンへと進んだコンピュータ技術は，21世紀に入って，さらに多様化への方向性を顕著にしている。**ユビキタスコンピューティング**（ubiquitous computing）という表現が使われる。ユビキタスとは「至るところにある」という意味だ。

携帯機器，デジタル家電，自動車，ゲーム機，ロボットなどがコンピュータ・通信技術の大市場として成長しつつある。固定電話，携帯電話なども，コンピュータ通信と融合されていく方向にあり，大きな変革が起こっている。

コンピュータは自律的な通信の割合を増している。人間の単なるインタフェースではなく，個人の好みや希望に合わせるよう自動的に学習するなど，**人工**

知能 (artificial intelligence) としての能力が重視されつつある。言語，音響，映像情報などの高度な知的処理は，総合技術として**ロボット**（robot）という形態をとることも多い。機械技術の進歩と結びついて，**ヒト型ロボット**（humanoid）としての二足歩行ロボットなどが誕生した。それとともに，形態を人間に似せず，掃除機用のロボットとするなど，多様な発展も活発である。

計算能力で人類をはるかに超えるコンピュータも，人工知能に関しては，この本を書いた時点では赤子の段階だ。機械が高度な知能をもつことの倫理上の課題を含め，われわれは人類の新たな挑戦の入口に立ったといえる。

1.5 コンピュータを使いこなすために

1.5.1 コンピュータと情報リテラシー

コンピュータなどの情報機器には**インタラクティブ**（interactive）すなわち双方向の対話的な操作が多い。あるボタンを押せば，それに対して機器がある応答を返し，それを見てさらに次の操作を行うなどの繰り返しである。

そのため，機器を実地に使いこなすことが，情報機器への理解を深める**情報リテラシー**（information literacy）の習得に重要である。パソコンの場合，

（1）カタログや説明書（manual）をおおよそ読める基礎知識を得る
（2）機器自体と，マウス，キーボードなどの操作法を覚える
（3）ソフトウェアの使い方を身につける
（4）接続する装置を含めてハードウェアへの理解を深める
（5）情報保護やウイルス対策などのセキュリティについて知る

などが必要である。

カタログでは，記憶容量は**バイト**（byte，B と略記）という単位を用いる。1 バイトは 8 ビットである。カタログデータには非常に大きな数や非常に小さな数が現れるため，**表 1.4** のような単位を用いる。$2^{10}=1\,024$ であるので，これを 1 000 の近似値とすることがしばしば行われる。

キーボードに初めて接した場合，アルファベットの配置を覚えるのに，数日

表 1.4 コンピュータで用いる単位

係数	記号	名称	係数	記号	名称
2^{10}	K	キロ	10^{-3}	m	ミリ
2^{20}	M	メガ	10^{-6}	μ	マイクロ
2^{30}	G	ギガ	10^{-9}	n	ナノ
2^{40}	T	テラ	10^{-12}	p	ピコ
2^{50}	P	ペタ	10^{-15}	f	フェムト

程度を要する。FとJの位置に，左右の人差し指を置くのが正式である。日本語入力は，ローマ字入力でかな漢字変換するのが通常であり，独特の操作法がある。その種の関門を地道に突破していかなければ，情報リテラシーは身につかない。自動車の運転を覚えるよりも高度である。

ソフトウェアには，Webページを見るWebブラウザ（web browser）や，電子メールソフト，ワープロソフトなどがある。またファイル一覧を見るファイルブラウザも使いこなせるべきである。そのほか，表計算ソフトなど，用途に応じたソフトウェアがある。さまざまなソフトウェアに共通の操作法があるので，徐々にそれを習得するのがよい。

コンピュータウイルス（computer virus）対策のソフトや，不正アクセスを防ぐ**ファイアウォール**（firewall）と呼ぶソフトが広く使われている。ウイルスに感染すると，自分のコンピュータが大量のウイルスをまき散らすことがある。コンピュータの安全性すなわち**セキュリティ**（security）に気を配り，自らの情報の保護とともに，他人の情報の保護にも十分に注意すべきである。

1.5.2 コンピュータと周辺装置

コンピュータには，さまざまな**周辺装置**（peripheral device）が組み込まれていたり，接続されている。入力装置，出力装置，記憶装置，通信装置などがある。周辺装置をパソコンに接続する規格などを含めて，表1.5におもな接続規格を示す。家庭用品としては異常に規格が多いことがわかるだろう。表において，bpsとはビット/秒の略である。

大容量の記憶装置として，**磁気ディスク**（magnetic disk）や**光ディスク**

表 1.5 周辺機器インタフェースなどのおもな規格

名　称	規　格	摘　要
LAN（local area network） （1000 BASE-T など）	1 Gbps など	インターネット接続
USB （universal serial bus）	2.0 は 480 Mbps 1.1 は 12 Mbps	各種周辺機器を最大 127 台
IEEE 1394（アイトリプルイー） （i.LINK または FireWire）	400 Mbps 〜	各種周辺機器を最大 63 台 6 ピンと 4 ピンあり
IEEE 802.11	11 b は 11 Mbps 11 g は 54 Mbps	無線 LAN の規格
PS/2（ピーエスツー） （personal system/2）		キーボードやマウスを接続
アナログ RGB	アナログ接続	ディスプレイを接続
DVI（digital visual interface）	デジタル接続	ディスプレイを接続 DVI-I はアナログ可
シリアルポート （RS-232 C，COM ポート）	最大 115.2 kbps	モデムや ISDN 用ターミナルアダプタを接続
モデム（modem）	56 kbps など	電話回線に接続
ATA（AT attachment） （エンハンスト IDE）	Serial ATA が普及 300 MB/秒など	内蔵機器用（2 台×2） ハードディスク，DVD など
SCSI（スカジー） （small computer system interface）	320 MB/秒など各種	ディスクなど接続 最大 16 台の規格など
PC カードスロット	Type Ⅰ 〜 Ⅲ	ノートパソコンなど カード型周辺機器用

（optical disk）などの**補助記憶装置**（auxiliary memory device）が用いられる。補助記憶装置に蓄積する情報は，通常は**ファイル**（file）という単位で，ファイル名を指定して読み書きする。

　ハードディスク（hard disk）と呼ぶ装置は，主要な補助記憶装置として広く使用されている（**図1.6**）。磁性面が毎分数千回転以上の速度で回転していて，読み書きヘッド（head）を動かしてアクセス（access）すなわち読み書きする。各**トラック**（track）は，**セクタ**（sector）という単位に区切られていて，その単位で読み書きする。セクタは 512 バイト程度であることが多く，さらに数〜十数キロバイト程度のクラスタ（cluster）という単位で管理する。

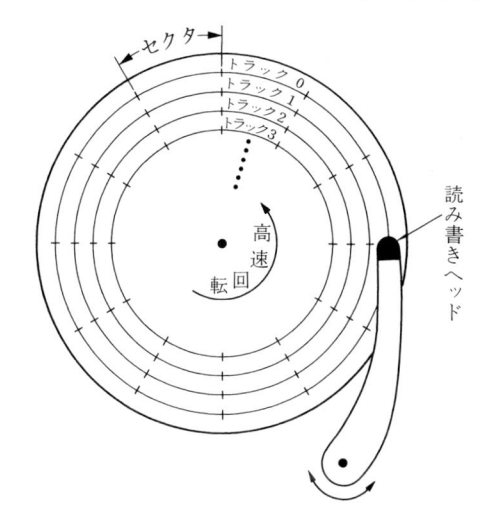

図 1.6 ハードディスクの構造

　図は1枚のディスクが描いてあるが，実際には複数枚のディスクが内蔵されていることが多い。

　コンピュータとその周辺装置は，高度な精密機器である。静電気でも壊れることがある。また，ハードディスク装置内部のディスクと読み書きヘッドとの間隔は，10ナノメートルほどである。ジャンボジェット機が地上1ミリメートルを飛ぶほどの精密さだといわれる。衝撃に対処する仕組みも採用されているが，注意して取り扱わねばならない。また，補助記憶装置は大容量だが，読み書き速度が非常に遅い。例えば，ハードディスクが毎分6 000回転だと，1周するのに10ミリ秒かかる。必要なデータがヘッドの位置まで来るのを待たねばならない。CPUの速度より1億倍の桁で遅い。

　周辺装置を使用する際，一般に**デバイスドライバ**（device driver）と呼ぶ制御ソフトを組み込む（install）必要のある装置が多い。機器を接続すると，デバイスドライバの組み込みを自動的に始める**プラグアンドプレイ**（plug and play，**PnP**）方式の機器が広く採用されている[†]。USB規格，IEEE 1394規格，PCカード規格などのように，電源を入れたまま抜き差しできる活線挿抜

[†] USB接続の機器などは，接続前にデバイスドライバを組み込まないと，正常に動作しないことがある。事前に説明書をよく読むこと。

(hot swap) を採用している機器もある．ホットプラグ (hot plug) ともいう．

活線挿抜できない機器は，コンピュータ本体と周辺装置とも電源を切ってから接続する．電源を入れる際は，周辺装置の電源を先に入れないと，装置がコンピュータに認識されないことがある．

また，活線挿抜の機器といえども，取り外す際は，説明書の手順に従うべきである．データ転送用に**バッファメモリ** (buffer memory) が間に置かれているディスク装置などは，所定の手順によらないと，データの一部が失われるおそれがある．

プリンタにもバッファメモリがあり，バッファメモリの容量が印刷データよりも小さいと，印刷できないことがある．また，印刷をキャンセルする際も，バッファメモリの内容を消去しないと，キャンセルしたことにならない．

コンピュータを構成するのは，半導体技術で作られた装置ばかりではない．多様な技術が用いられている．そのような総合技術として，コンピュータの性能向上が図られているわけである．

演 習 問 題

1.1 コンピュータのどんなところが好きで，どんなところが嫌いかを，自由に述べてみよ．

1.2 さまざまなメモリや記録媒体についておおよその価格を調べ，1円当たり何ビット程度の記憶ができるかを概算してみよ．

1.3 質問するたびに，答えがイエスかノーかで枝分かれしていくとする．20個の質問を用意したときに，全部でいくつに枝分かれするか．また，100個の質問による枝分かれを，コンピュータは扱えるだろうか．

1.4 ツルとカメを合わせて，頭の数が17，足の数が44ある．ツルとカメそれぞれの数を求めるプログラムを書いてみよ．どんな計算法でもよい．

1.5 計算するといっても，a, b, c などの記号のままで，代数式を扱うだけの方法もある．そのようなコンピュータは実用的だろうか．

1.6 未来のコンピュータ社会はどのようなものになるだろうか．自由に空想してみよ．

2
デジタル情報の世界

　この章では，なぜデジタル情報が広く使われるかを考えよう。2進法を基本とするデジタル情報にはさまざまな利点がある。情報理論に基づけば，デジタル情報をうまく圧縮して，データ量を少なくすることも可能だ。また，データに誤りが発生した場合に，それを検出したり訂正する方法もあり，さまざまな工夫が行われている。

2.1　なぜデジタル情報が使われるのか

2.1.1　デジタル情報は精度が高い

　情報のデジタル表現が広く用いられる理由はいろいろある。そのなかでも，デジタル情報は任意に高い精度を実現できるというのは大きな理由である。

　例えば，音楽情報の場合，図 2.1（a）のように，アナログ情報は滑らかな波形だが，デジタル情報はガタガタした波形である。どちらの音がよいかとな

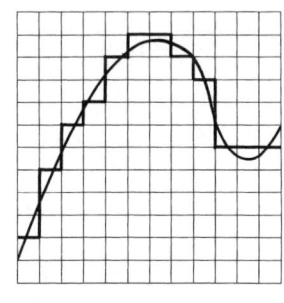

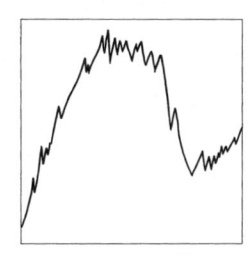

（a）　アナログとデジタル　　　　　　アナログの誤差は　　　デジタルの誤差は
　　　　　　　　　　　　　　　　　　パーセント程度　　　　0.000 8 ％足らず
　　　　　　　　　　　　　　　　　　（b）　誤差の比較

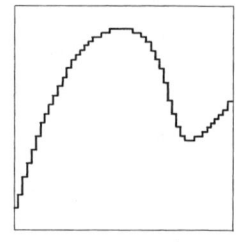

図 2.1　アナログ情報とデジタル情報

ると，図を見ただけではアナログの方がよいと考える人が多いだろう。しかし，じつはデジタル記録方式の方がずっと原音に忠実なのである。かつてのアナログ式のレコードでは，しばしばパーセントの桁の誤差が生じるのが普通である。アナログというのは，あまり有効数字をとれない方式なのである。

一方，コンパクトディスク（CD）以後はデジタル記録方式を採用した。CDでは，1秒間の音情報を，44 100個のデータで表現する。1個のデータの表現には16ビットを用いる。16ビットのデータがあると，$2^{16}=65\,536$通りの値を表現できる。

直観的に説明するために，横が44.1 mで，縦が65.536 mという巨大な紙を想定しよう。すると，CDにおけるデジタル化とは，このサイズの紙に，1秒間の音楽信号を，縦横とも1 mmの精度で表現しているのと同じことだ。誤差はたかだか0.5 mmだから，縦方向の誤差は0.000 8％足らずにすぎない（図2.1（b））。デジタル記録は，アナログ記録よりも精度を高くしやすいのである。

2.1.2　デジタル情報は信頼性がきわめて高い

信頼性（reliability）という点で，コンピュータに対する要求はきわめて厳しい。パソコンでさえ，その演算速度はギガの単位で測られる。すなわち1秒間に10億回以上の演算を行うのである。もしも，演算の信頼性が，10^{-9}程度にすぎなかったら，パソコンは1秒未満でエラーを起こすだろう。10^{-12}程度だったとしても，1時間ももたない。それよりはるかに高い信頼性が求められるのだから，人間と比較して驚異的だ。

このような信頼性を達成できるのは，0と1の2値データのみを用いるところから来ている。電気信号を0と1に二分するだけだから，ノイズに対してきわめて強くしやすい。極端な単純さが信頼性の理由である。

デジタル計算では同じ計算を何度行っても，常に同じ結果が得られる。そのような安定した再現性は，かつてなかったものである。また，高い信頼性と再現性を備えているため，デジタルデータは何度コピーしても品質が劣化しな

い。ただ，著作権の付随する情報の不正コピーという問題も生じる。

なお，デジタル記録媒体の技術はめまぐるしく進歩している。記録後何年かで，それを読める装置が市場から消えてしまうことがある。媒体自体も劣化しやすいという問題がある。何年かに一度はコピーし直すなど保守すべきである。

2.1.3 デジタル情報は統一的に扱える

デジタル情報の大きな特徴は，どんな情報であろうと，0と1で表現してしまえるという統一性である。数値，文字，音，映像などをすべて同じようにデジタル表現できる。その結果，文書であろうと，音楽であろうと，絵画であろうと，同じ記憶装置に混在して蓄積できる。また，同じ情報ネットワークで伝送することが可能になる。すべてコンピュータで処理できる。

このような利点をもつため，**マルチメディア**（multimedia）などの進歩と普及が，もともとのデジタル技術に内包されていたことになる。異なる装置やネットワーク間でのデータのやり取りにも技術的障害が少ない。

どのような特徴をもつ技術であるかを知ることは，将来の技術的方向性を推測するために重要である。デジタル情報の場合，例えば文字を音声に変換するなど，表現形式の変換を行おうとする技術開発などは当然の帰結である。

2.1.4 高度なデジタル処理を行える

コンピュータ技術の進歩とあいまって，デジタル情報にはきわめて高度な処理を施すことが可能になっている。デジタル情報は，容易に高度な編集を行える。映画の特殊撮影などは，デジタル技術の導入によって格段に進歩した。また，パソコン1台の計算能力は，とっくに人類全員の計算能力を上回った。

情報を0と1とで表現しておけば，そのままコンピュータで処理できる。プログラム中で複雑な論理判断を行い，アナログでは実現しえないような高度な情報処理が可能となる。コンピュータの発明が，情報のデジタル化への最大の原動力となったのであり，その背後にデジタル処理の高度性があった。

2.1.5 デジタルは低コストかつコンパクトである

デジタル記録の媒体の価格は，ビット当たりですでにきわめて低コストである。しかもサイズが非常にコンパクトだ。処理のコストも，コンピュータの価格低下とともにめまぐるしく下がっている。従来，2～3年程度で旧型のコンピュータが陳腐化することがしばしばだったのは驚異である。

媒体やコンピュータとともに，通信のコストも下がり続けている。いずれもムーアの法則が意識されることが多く，10年で100倍程度の価格性能比の向上をめざしてきた。

2.2 デジタルデータの表現

2.2.1 2進法の数値

コンピュータでは，0と1の2値表現を用い，数値は **2進法**（binary system）で表現している。2進法では，2という数字はない。10進法は，0～9の10通りの数字を用いるわけだから，それとの類推で考えればよい。

2進数であることを明記するには，$(101)_2$ などの表記を行う。この例の数は $1×2^2+0×2^1+1×2^0=(5)_{10}$ である。すなわち各桁の重みは2のべき乗である（10進数では10のべき乗である）。

2進法の欠点は，桁数が非常に大きくなることである。そこで，3桁ずつに区切った8進法（octal system）での表記や，4桁ずつに区切った **16進法**（hexadecimal system）での表記が用いられることがある。16進数表記を行うために，数字としてA～F（小文字でもよい）を追加して，**表2.1** のようにする。1バイトを2桁で表記できるため，プログラム中などでしばしば用いられる。

2進数の四則演算は，10進数との類推で容易に行える。1桁の加算と乗算の表を **表2.2** に示す。10進数なら九九に相当するものが，ごく小さな表にすぎない。乗算といっても，0を掛けるか，1を掛けるかにすぎないから，極端に簡単である（2進演算回路も非常に設計しやすいことは6章で学ぶ）。

2.2 デジタルデータの表現　　**25**

表 2.1　2 進法や 16 進法などの対応

10 進法	2 進法	8 進法	16 進法
0	0	0	0
1	1	1	1
2	10	2	2
3	11	3	3
4	100	4	4
5	101	5	5
6	110	6	6
7	111	7	7
8	1000	10	8
9	1001	11	9
10	1010	12	A
11	1011	13	B
12	1100	14	C
13	1101	15	D
14	1110	16	E
15	1111	17	F

表 2.2　2 進法の加算と乗算

加　算	乗　算
$0 + 0 = 0$	$0 \times 0 = 0$
$0 + 1 = 1$	$0 \times 1 = 0$
$1 + 0 = 1$	$1 \times 0 = 0$
$1 + 1 = 10$	$1 \times 1 = 1$

　なお，負の数の表現には，歴史的経緯から，**補数**（complement）という表現形式が用いられる．減算を加算回路のみで行える方式である．

　例えば，数を 8 ビットで表現した場合，$(9)_{10}$ は 00001001 である．その 0 と 1 を反転させた 11110110 を **1 の補数**（1's complement）という．さらにそれに 1 を加えた 11110111 を **2 の補数**（2's complement）といい，コンピュータ内で負数を表現するためによく用いられる．

　試みに $(12)_{10} - (9)_{10}$ は，この表現で加算を行うと，00001100＋11110111 であり，これを計算してみるとよい．最上位からの 1 ビットの**桁あふれ**（overflow）を無視すれば，00000011 となって，$(3)_{10}$ が求められる．

2.2.2　小数点数の表現

　小数点以下の値を表現する際は，コンピュータでは広く**浮動小数点**（floating point）方式が採用されている．この方式の原理は，数 a を，
$$a = m \times 2^e$$
と，**仮数部**（mantissa）m と**指数部**（exponent）e で表現するというものである．

広く使われている IEEE 方式(アイトリプルイー)の場合，32 ビット形式の**単精度**（single precision）では，図 2.2 のように，符号 1 ビット，指数部 8 ビット，仮数部 23 ビットに分けている。符号は正が 0，負が 1 である。

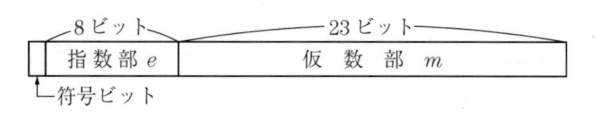

```
    ┌─8ビット─┐┌──────23ビット──────┐
    │指 数 部 e ││    仮 数 部  m    │
   └符号ビット
```

図 2.2 浮動小数点数の表現（IEEE 方式）

仮数部 m は，IEEE 方式では，1.bbbb… の形をしている。その最上位の 1 を省略して，m を bbbb… の部分で表現している。これによって有効数字は，実質的に 2 進 24 桁となる。よって，

$$2^{24} \fallingdotseq 10^{7.2}$$

だから，有効数字は 10 進で 7 桁以上とれる。

また，IEEE 方式の指数部 e は，本来の指数に 127（2 進で 1111111）を足した値を蓄積している（なお，e の最小値 0 と最大値 255 は，0 と桁あふれの表現に用いる）。このため指数は $-126 \sim 127$ の範囲となる。

$$2^{-126} \fallingdotseq 10^{-37.9} \sim 2^{127} \fallingdotseq 10^{38.2}$$

であるので，広い数値範囲を表現できる。

なお，より精密な数値計算を行いたい場合，全体が 64 ビットである**倍精度**（double precision）浮動小数点数などを利用できる。IEEE 方式の倍精度は，仮数部 52 ビット，指数部 11 ビットである。

2.2.3 文字コード

文字の**符号**あるいは**コード**（code）は，半角の英数字のみなら，**ASCII**(アスキー)（American Standard Code for Information Interchange）が 7 ビットコードである。

日本語の場合，歴史的経緯から，さまざまなコード体系が定められてきた。半角のカタカナ表現程度なら，ASCII を 8 ビットに拡張したコードが **JIS**（Japanese Industrial Standards）で定められている（**表 2.3**）。

表 2.3　JIS 規格の 8 ビット符号

b8 b7 b6 b5 / b4 b3 b2 b1	0000	0001	0010	0011	0100	0101	0110	0111	1000	1001	1010	1011	1100	1101	1110	1111
0000	機能キャラクタ	スペース	0	@	P	`	p	未定義		―	タ	ミ	未定義			
0001		!	1	A	Q	a	q			。	ア	チ	ム			
0010		"	2	B	R	b	r			「	イ	ツ	メ			
0011		#	3	C	S	c	s			」	ウ	テ	モ			
0100		$	4	D	T	d	t			、	エ	ト	ヤ			
0101		%	5	E	U	e	u			・	オ	ナ	ユ			
0110		&	6	F	V	f	v			ヲ	カ	ニ	ヨ			
0111		'	7	G	W	g	w			ァ	キ	ヌ	ラ			
1000		(	8	H	X	h	x			ィ	ク	ネ	リ			
1001		)	9	I	Y	i	y			ゥ	ケ	ノ	ル			
1010		*	:	J	Z	j	z			ェ	コ	ハ	レ			
1011		+	;	K	[	k	{			ォ	サ	ヒ	ロ			
1100		,	<	L	¥	l	|			ャ	シ	フ	ワ			
1101		-	=	M	]	m	}			ュ	ス	ヘ	ン			
1110		.	>	N	^	n	‾			ョ	セ	ホ	゛			
1111		/	?	O	_	o	DEL			ッ	ソ	マ	゜			

漢字は全角で表示する。漢字コードの体系は，かなりの乱立状態だといってよい。**JIS 漢字コード**は数度の改定を経て，第 1 水準から第 4 水準までが定められている。14 ビットのコードである。最初に第 2 水準まで定められたのが 1978 年で，日本語ワードプロセッサの登場と同年である。このころからやっと日本語情報処理が普及し始めた。

JIS 漢字コードは，日本語の電子メールに標準として用いられ，ISO-2022-JP とも呼ばれる。欧米の電子メールは，1 バイトの 8 ビット目を無視するため，それと共用できる。ただし，半角カタカナなどを使えない。また，パソコンで長く利用されてきた**シフト JIS**（Shift JIS）**コード**がある。ASCII との親和性をよくするため，JIS 漢字コードを少しずらして定義している。それ以外に**区点コード**も使用されてきた。それらのコードの一部を**表 2.4** に示す。

一方，**ユニコード**（Unicode）という多国語コードが**国際標準化機構**（International Organization for Standardization, **ISO**）で定められ，世界で広く使われるようになった。16 ビットのコードだ。JIS 漢字コードとの間に

表 2.4 漢字コードの表

10進			区点	0	1	2	3	4	5	6	7	8	9	10	11	12	13	14	15
16進	シフトJIS	JIS		0	1	2	3	4	5	6	7	8	9	A	B	C	D	E	F
ア	8890	3012	01586																亜
	88A0	3022	01602	唖	娃	阿	哀	愛	挨	姶	逢	葵	茜	穐	悪	握	渥	旭	葦
	88B0	3032	01618	芦	鯵	梓	圧	斡	扱	宛	姐	虻	飴	絢	綾	鮎	或	粟	袷
	88C0	3042	01634	安	庵	按	暗	案	闇	鞍	杏								
イ	88C0	3042	01634									以	伊	位	依	偉	囲	夷	委
	88D0	3052	01650	威	尉	惟	意	慰	易	椅	為	畏	異	移	維	緯	胃	萎	衣
	88E0	3062	01666	謂	違	遺	医	井	亥	域	育	郁	磯	一	壱	溢	逸	稲	茨
	88F0	3072	01682	芋	鰯	允	印	咽	員	因	姻	引	飲	淫	胤	蔭			
	8940	3121	01701	院	陰	隠	韻	吋											
ウ	8940	3121	01701						右	宇	烏	羽	迂	雨	卯	鵜	窺	丑	碓
	8950	3131	01717	臼	渦	嘘	唄	欝	蔚	鰻	姥	厩	浦	瓜	閏	噂	云	運	雲
エ	8960	3141	01733	荏	餌	叡	営	嬰	影	映	曳	栄	永	泳	洩	瑛	盈	穎	頴
	8970	3151	01749	英	衛	詠	鋭	液	疫	益	駅	悦	謁	越	閲	榎	厭	円	園
	8980	3160	01764	堰	奄	宴	延	怨	掩	援	沿	演	炎	焔	煙	燕	猿	縁
	8990	3170	01780	艶	苑	薗	遠	鉛	鴛	塩									
オ	8990	3170	01780								於	汚	甥	凹	央	奥	往	応	
	8990	3212	01786																押
	89A0	3222	01802	旺	横	欧	殴	王	翁	襖	鴬	鴎	黄	岡	沖	荻	億	屋	憶
	89B0	3232	01818	臆	桶	牡	乙	俺	卸	恩	温	穏	音						

変換の規則性がない，各国で字体の異なる文字が同一コードになっているなどの問題点も指摘される．

これら以外に，UNIX（ユニックス）システムでの **EUC**（Extended Unix Code）という拡張 UNIX コードや，大型コンピュータ用の 8 ビットの **EBCDIC**（イービーシーディック）（Extended Binary Coded Decimal Interchange Code）と，それを各社が漢字に拡張した EBCDIK などがある．

2.3 情報量と情報圧縮

2.3.1 シャノンの情報理論

シャノン（Claude E. Shannon）は**情報理論**（information theory）という基礎をつくった．1948 年のことだ．ビットという呼称は彼が使い始めた．

その単位について,彼が定めた定義も述べておこう。1ビットとは,0か1の1桁というわけではない。2通りの事象があったとき,それらが等確率すなわち1/2ずつの確率で起こるとき,どちらが起こったかを知った際に得られる**情報量**(information amount)のことである。

例えば,ゆがんでいないコインを投げて,表が出たか,裏が出たかを教えてもらうと,そのとき得られる情報量が1ビットである。このように,ビットの定義は,もともとは確率的である。シャノンは,確率pで起こる事象の情報量を,

$$-\log_2 p \quad \text{〔ビット〕}$$

と定義した。$p \leq 1$であるため,負号をつけて,値を正にしている。

この定義は,情報量の**加法性**(additivity)という点でふさわしい。例えば,サイコロで1の目が出たと知ったとき,情報量は$\log_2 6$ビットであるが,まず奇数か偶数かを知って($\log_2 2 = 1$ビット),次に奇数のうち1である($\log_2 3$ビット)と知っても,情報量は同じである($\log_2 6 = \log_2 2 + \log_2 3$)。

彼は,重要な概念として,情報量を平均した**平均情報量**を提案して,**エントロピー**(entropy)と呼んだ。熱力学のエントロピーと同じといってよい概念である。

ごく簡単な場合として,2つの事象aとbがあり,それぞれの生起確率がpと$1-p$だったとする。エントロピー$H(p)$は,

$$H(p) = -p \log_2 p - (1-p) \log_2 (1-p) \quad \text{〔ビット〕}$$

と定義される。

$H(p)$は**エントロピー関数**といって有名である。参考のためにそのグラフを**図2.3**に示しておこう。その値は非負であり,確率pが0および1のとき最小値0ビット,$p=1/2$のとき最大値1ビットになる。0か1のどちらが起こるかの不確かさが大きいほど,起こったときに得られる情報量は大きいということである。1ばかり起こるのでは,毎回得られる情報量は0ビットである。

情報量の定義には欠点があるという見方もある。シャノンの理論では,0か1かまったくランダムな雑音の情報量が最大となる。ところが人間は雑音の情

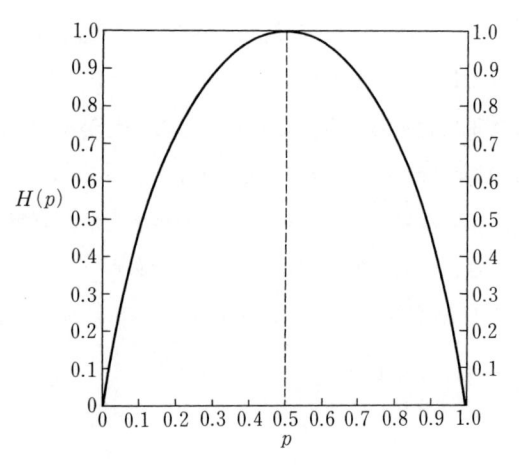

図 2.3　エントロピー関数のグラフ

報量など 0 だと思う。彼の情報理論は，情報の**意味**（semantics）という側面をまったく考慮せず，もともとは通信理論と呼んだ。しかし，その理論を超える体系が現れなかったため，これが情報理論と呼ばれるようになった。

2.3.2　デジタルデータの圧縮

シャノンの理論は，ビットという言葉を定着させただけでなく，いろいろおもしろいことを教えてくれた。マルチメディア情報の通信や蓄積をする際に，アナログよりもデジタルの方が，いろいろな点で優れていると解釈できるのが，そのひとつの内容である。

シャノンの理論によれば，デジタル情報は，その情報がもっているエントロピーまで**圧縮**（compress）できる。通信や蓄積にきわめて有用性の高い理論である。**符号化**（coding または encoding）という方法を用いて圧縮し，**復号化**（decoding，復号ともいう）によってもとの情報に**伸張**（expand）する。

ごく簡単な例として，白黒のアニメを考えよう。白地に黒の線画でアニメが描かれている。それがデジタルデータとして表現されていて，たくさんの白と黒の点の集まりだとする。しかも，ほとんどの点は白で，黒の点はごく少数だったとしよう。例えば，黒の点は 0.01 の確率でしか存在しないとする。この

ときエントロピーは，

$$H(0.01) \fallingdotseq 0.0808 \text{ 〔ビット〕}$$

となる．そのようなアニメのデータは，理論上はデータ量を 8.08 % 程度にまで圧縮することが可能である．ただし，それは理論上の下限にすぎず，工学的にはそこまで達しない．それでも大幅な圧縮が可能である．

例えばデジタルファクシミリの場合，紙面を走査線で走査するごとに，白の点がいくつ続いたか，黒の点がいくつ続いたかという個数を符号化して，全紙面を表現している．この符号化法を**ランレングス**（run length）符号化と呼ぶ．

そして，各ランレングスに対して，その発生確率 p から計算される情報量程度の長さのコードを割り当てる（**ハフマン符号化**（Huffman encoding）という）．しかも前走査線と相違する点だけを符号化するなどの工夫を行う．

なお，データを圧縮した際，それを完全に元どおりに復元できるかによって，技術は2つに大別される．

（1）**可逆圧縮**（lossless compression）　圧縮したデータを，復号化によって完全に元どおりに復元できる場合である．**Zip，LHA，Cab，TAR** などさまざまな方式が実用されている．復号化のことを**解凍**（melt）ともいう．また複数のファイルを1つにまとめて圧縮することを**アーカイブ**（archive）するともいう．文字コードで表現された文書の場合，1/2 程度に圧縮できる．また，ランレングス符号化は可逆圧縮である．

（2）**非可逆圧縮**（lossy compression）　復号化によって元どおりに復元できるとかぎらない場合である．映像や音響情報の圧縮では，細部に微妙な誤差があっても目立たないため，広くこの方式がとられる．**圧縮率**（compression rate）をより高くできる．

2.3.3　アナログからデジタルへの変換

このような圧縮を行うために，アナログ情報をデジタル化しなければならない．そのための**標本化定理**（sampling theorem）もシャノンは証明した．シャノン以外に，日本人も独自にこの定理を発見している．

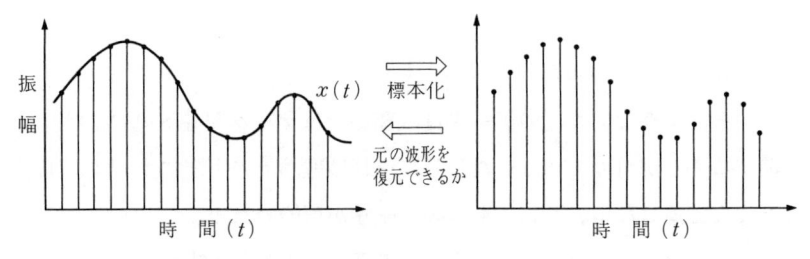

図 2.4　アナログ信号の標本化と復元

図 2.4 のようなアナログ信号波形があったとしよう．時間的に等間隔のとびとびの点における値を取り出す．各点の値はアナログ値だとしておこう．

普通に考えるなら，信号波形のうち，大部分の情報が失われたわけである．だれしも，もう元の波形には戻らないと考えるだろう．しかし，標本化定理が教えるところでは，次のような性質がなりたつ．すなわち，元の信号波形の含む周波数成分が，標本化周波数の 1/2 未満なら，標本点の値を使うだけで，元の信号を完全に復元できるのである．

この定理は，アナログ信号からデジタル信号への変換に広く利用されている．例えば，人間の可聴周波数は 20 Hz 〜 22 kHz 程度だが，CD では，その 2 倍あまりの 44.1 kHz で音楽信号を標本化している．

ただし，標本化定理では，標本化した値はアナログ値である．その値をデジタル化することを，**A-D 変換**（analog-to-digital conversion）という．またその逆変換を **D-A 変換**という．A-D 変換では，最小桁以下の多少の誤差が生じるのはやむをえない．この誤差のことを，**量子化誤差**（quantization error）という．

2.3.4　画像や音響情報の圧縮

画像や音響情報の圧縮法の規格にも簡単に触れておこう．非可逆圧縮法が多い．圧縮率を高くするため，高い周波数の成分を除去する操作を行ってから，圧縮を行う．

（1）静止画の圧縮　　静止画の代表的な圧縮法として，**JPEG**（Joint

Photographic Experts Group）といわれる方式が広く用いられている。この方式を定めた組織の名前で呼ばれている。圧縮後の品質も指定できる。

JPEGでは，画像を 8×8 **画素**（pixel）の領域に細分し，それぞれの領域に**離散コサイン変換**（discrete cosine transform，**DCT**）を適用して，高域成分を除去する。DCT とは，複素数演算を必要とするフーリエ変換（5.3.2 項参照）とは異なり，実数演算のみで周波数成分を求める計算法である。

また，**GIF**（graphic interchange format）は，256 色以下の画像なら，品質を劣化させない圧縮法である。簡単なアニメーションを表現する方法もある。なお，圧縮しない場合は，**BMP**（bitmap）形式が通常である。RGB（赤緑青）3 色それぞれに 8 ビットを割り当てることが多い。これで 1 677 万色あまりを表現できる。

（2）　**動画の圧縮**　　**MPEG**（Moving Picture Experts Group）と呼ばれる標準方式などがある。動画の場合，前後の時刻の画像と比較して，変化した部分だけを符号化するという**フレーム間相関**（interframe correlation）を利用すると，圧縮率を高くできる。変化する部分の動きを予測する方法もとられる。

簡易な MPEG-1，高画質に使える MPEG-2，移動体通信を想定した MPEG-4（**H.264** ともいう），画像の検索をも対象とした MPEG-7 などがある。

デジタル圧縮を行った場合，従来の家庭用ビデオ（VHS）程度の画質で 1.5 メガビット/秒以下，従来のテレビ放送（NTSC 方式）程度の画質で 3～6 メガビット/秒程度以下に圧縮できる。電波の 1 波長に 4～6 ビットの信号を載せることが可能なため，アナログテレビの数倍以上に周波数帯域の利用効率を改善できる。そのため，デジタル化が急速に進展するようになった。アナログに勝てるようになったのは，1990 年ころ以後である。

その他，さまざまな規格が実用されてきた。**WMV**（Windows media video），**AVI**（audio-video interleaving），**RM**（RealMedia），**QT**（QuickTime），**DivX** などがある。テレビ電話やテレビ会議には **H.261**，インターネットでは **H.323** などの規格がある。また，アニメーション形式でのコンパクトな動画表

現として，**Flash** 形式も広く利用されてきている。

（3）**音響情報の圧縮**　動画の MPEG で用いる音響情報の圧縮方式のうち，レイヤ3と呼ばれる **MP 3**（MPEG audio layer 3）が，音楽などで普及した。CD に近い音質の場合，1/10 程度の 128 キロビット/秒などに圧縮可能だ。音響情報は，周波数領域に変換したのち，心理聴覚特性に基づいて，人間の聴覚があまり感知しない音情報を取り除いて圧縮する。

その他，さまざまな規格がある。**WMA**（Windows media audio），**AAC**（advanced audio coding），**ATRAC 3**（adaptive transform acoustic coding 3）などが普及してきた。

圧縮しない場合は **WAVE** 形式などが用いられる。一方，シンセサイザ音源を用いて，楽譜形式で音楽を表現する場合は，**MIDI**（musical instruments digital interface）規格が一般的で，音楽をごく小さなデータ量で表せる。

また，電話音声は 300 〜 3 400 Hz と帯域幅が狭いため，第 2 世代携帯電話では 5.6 キロビット/秒まで圧縮した。従来の固定電話が 1 回線当たり 64 キロビット/秒だったので，大幅な圧縮である。

2.4　デジタル表現で信頼性を向上させる

コンピュータという装置は，社会のさまざまな場所で用いられている。その**信頼性**（reliability）を確保する技術が，ますます重要になっている。シャノンの情報理論では，信頼性を向上させる技術もおもなテーマにしている。

1 000 兆円という桁の金額が，金融機関に預けられているだろうが，その管理は日常的にコンピュータによって行われている。新幹線などの交通機関も，コンピュータで制御されている。発電所の制御や電力網の管理も，つねにコンピュータによって行われている。

すでに述べたように，デジタル技術はアナログ技術よりも信頼性が高くて，何度計算しても，つねに同じ結果となる。数値を間違えることがごく少ない。そして，1 兆回に 1 度も間違えないような信頼性というのが，ごく普通に要求

されている。

デジタル表現を使って誤りを検出したり，訂正したりできるという可能性を簡単に述べておこう。誤りの検出や訂正が，工夫をすれば可能なのである。

2.4.1 デジタルデータの誤り検出

デジタルデータに誤りが起こった場合に，それを検出したい。しかし，単にnビットの2値表現を行っただけでは，それは不可能である。

nビットの2値表現は，2^n通りの値をとりうる。それらのすべてが"正しい"値だとみなされているなら，誤りの検出は困難である。

しかし，誤りが起こると"不正"なデータに変化するという仕組みにすれば，その検出ができる。これが**誤り検出**（error detection）の原理である。

うまい方法がある。**パリティビット**（parity bit）を付加する検査方式である。パリティという言葉は，奇偶という意味だ。つまり，データに含まれる1の数が，奇数か偶数かを判定して，誤りを検出しようというのだ。

例えば，8ビットのデータで，10111010というのを考えよう。コンピュータで用いられているJIS8ビット符号では，「コ」というカタカナに対応するコードである。**パリティ検査**（parity check）方式では，データの中にある1の数を，奇数か偶数に統一する。そのために余分の1ビットを付加する。ここでは，偶数パリティ方式を採用してみよう。

さて，10111010というデータにある1の数は5個だ。偶数パリティ方式では，余分に1ビットを付加して，1の数を偶数にする。すなわち，データの最後に1というビットを付加して，1の個数を6個にするのである。

$$\underbrace{1\ 0\ 1\ 1\ 1\ 0\ 1\ 0}_{\text{データビット}}\ \underset{\underset{\text{パリティビット}}{\uparrow}}{1}$$

この方式を採用すると，データの中で1つのビットが誤ったときは，必ずその誤りを検出できることになる。どのビットが反転しようと，その結果，1の個数が必ず奇数個になる。だから，1の個数が奇数だったら，データにエラー

が起こっていると考えればよい．パリティビットが誤った場合にも，同じく検出できる．

普通は，1ビットのエラーの方が，2ビットのエラーよりもずっと起こりやすい．また，2ビットのエラーは，3ビットのエラーよりもずっと起こりやすいなどである．だから，この方式を採用すれば，最も起こりやすいエラーに対処して，それを検出できるようになる．もちろん，不幸にして2ビットのエラーが起こってしまった場合は，それは検出されずに，誤ったデータを正しいものとみなしてしまう．しかし，1ビット誤りの確率がpのときに，通常2ビット誤りの確率がp^2程度になるから，信頼性は何桁も向上する．

このパリティ検査方式は，コンピュータの記憶装置や，通信回線を介してのデータ伝送によく使われており，コンピュータの信頼性向上に役立っている．通信回線で誤りを検出した際は，再送要求を行うという方法がとられる．例えば，信頼性が10^{-7}程度の通信回線の場合，この方式を採用するだけで，信頼性は10^{-14}近くに高まる．

2.4.2 デジタルデータの誤り訂正

デジタルデータの**誤り訂正**（error correction）は，誤り検出よりもずっと複雑だ．しかし，データに余分のビットを付加して，**冗長性**（redundancy）をもたせるという考え方は，パリティ検査方式と同様である．

誤り訂正の理論は，複雑な数学を用いた難解な体系である．19世紀の天才数学者ガロア（Évariste Galois）の有限体理論が主要な役割を演じる．その理論は難しすぎるので，ここではごく簡単な方法を述べよう．

2次元パリティ検査法である．1ビット誤りの訂正を行える．CDなどでの誤り訂正法の基本となっている．

2値データをm行n列の2次元状に並べて，各行各列にパリティビットを1ビットずつ付加する．例えば偶数パリティの場合，図2.5のようになる．

さてここで，例えばどこかのビットが，0から1へと誤ったとしてみよう．すると，その行とその列でのパリティ検査によって誤りが検出される．

2.4 デジタル表現で信頼性を向上させる

```
          誤りを特定，訂正            行パリティ
        0  1  1  0  1  0  1  0    | 0
        1  1  0  0  1  1  0  1    | 1
        1  0 (1) 1  0  0  1  0    | 1  ←誤り
        0  1  1  0  1  0  0  1    | 0
        1  1  0  1  0  0  1  1    | 1
        0  0  0  1  0  1  0  0    | 0
        0  0  1  1  0  1  1  0    | 0
        0  1  1  1  0  1  0  1    | 1
        ─────────────────────────
列パリティ 1  1  0  1  1  0  0  0    | 0
              ↑
              誤り
```

図2.5 2次元パリティ検査法による誤り訂正

ところが，誤りが検出されるだけではない。行と列の交点として，その位置が特定されるわけである。そして，そのビットの値は現在1だから，正しい値は0である。場所さえわかれば訂正できてしまうのである。

CDなどの媒体は，例えば10^{-7}などの信頼性である。何度か読み直す仕組みになっているが，通信のように再送という手段に頼ることはできない。したがって，誤り訂正によって，必要な信頼度に向上させる。

このような誤り訂正符号が非常に強力であるのは，われわれが木星や土星などの写真を受信できたことでも実証されている（図2.6）。はるか遠く離れた

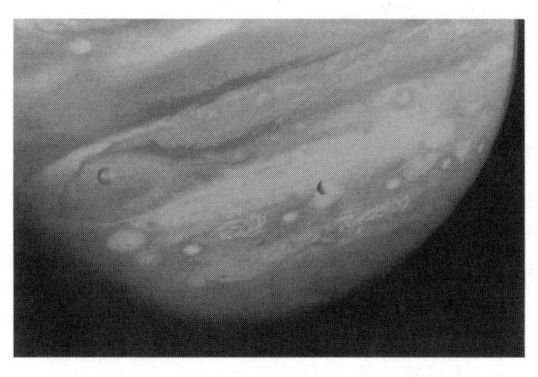

図2.6 ボイジャー1号から届いた木星の写真

惑星の写真は，デジタルデータとして送信されてきたが，じつはその信号よりも，宇宙の背景雑音の方がずっと強かった。完全に雑音に埋もれた信号は，デジタル技術によって復元され，美しい惑星の写真として再現された。

このようなデジタル技術を用いると，探査機も受信アンテナも小型で小電力のものですむ。宇宙探査にもデジタルの"魔法"が利用されているのである。

演 習 問 題

2.1 n 個の事象があって，それぞれの生起確率が p_i ($i = 1, 2, \cdots, n$) のとき，エントロピーは
$$-\sum_{i=1}^{n} p_i \log_2 p_i$$
で定義される。確率が，晴れ 1/2，曇り 1/4，雨 1/4 という天気のエントロピーを求めよ。

2.2 白い紙面に，黒字で印刷された文書を，デジタルファクシミリで送信する。紙面のうち，黒の割合が 5% のとき，理論的にはどの程度のデータ量に圧縮できるだろうか。

2.3 次の 2 進数を 10 進数に変換せよ。
 (a) 1110 (b) 101011 (c) 0.101

2.4 次の 10 進数を 2 進数に変換せよ。
 (a) 305 (b) 2.125 (c) 0.2

2.5 次の 10 進数を 2 進数に変換し，さらに 16 進数で表現してみよ。
 (a) 794 (b) 1000 (c) 2006

2.6 次の文字を表す JIS 8 ビット符号を示せ。
 (a) A (b) 7 (c) サ

2.7 アナログの音楽情報をデジタル化する際，大きな音の部分と小さな音の部分を同じ方法でデジタル化すると，小さな音の部分では量子化ノイズの影響が大きくなってしまう。どのような工夫をすればよいか。

2.8 0 と 1 というデータをそれぞれ
　　　0000　　　1111
と表現すると，1 ビットの誤りを訂正し，しかも 2 ビットの誤りを検出できることを確かめよ。

3
コンピュータと情報通信

個人でもパソコンを使って，世界中の人たちとつながるネットワークにアクセスし，デジタル通信でさまざまな情報を受信したり，発信できるようになった。この章では，インターネットの背後にある技術体系を学んでみよう。

3.1 発達する情報通信ネットワーク

3.1.1 なぜ情報通信なのか

情報のデジタル化の効率が向上するにつれ，**通信**（communication）のデジタル化が進展した。コンピュータとデジタル通信は，基本技術の点でもともと非常に似通っているため，この両者の親和性が急速に向上した。その結果，コンピュータが人間どうしのコミュニケーションの道具として広く普及し始めた。コンピュータは超高速の電気ソロバンや巨大なメモリであるだけでなく，日常の文房具や通信手段として浸透した。

数値，文字，音響・映像情報などをすべてデジタル化して，共通の技術で通信を行う。どんな媒体（media）を通じてでも，0と1の系列でやり取りする。マルチメディア時代の到来である。

コミュニケーションは人間にとって最大の娯楽である，という考え方の再発見が，この原動力のひとつとなったと思われる。ヒューマンインタフェースの改善と結びついて，快適性（amenity）の向上などがコンピュータ技術の大きな目標となった。1990年代以後，**インターネット**（Internet）が急速に普及した。

3.1.2 情報通信基盤

情報通信基盤（information infrastructure）と呼ぶべき，巨大な情報ネットワーク群を築く努力が進められてきた（図 3.1）。コンピュータとデジタル通信技術を基礎としたインフラストラクチャ（基盤となり，恒久性をもった，広域的な設備といった意味合い）である。**情報技術**（information technology）をITと略称し，**IT革命**という言葉も1990年代にわが国で流行した。

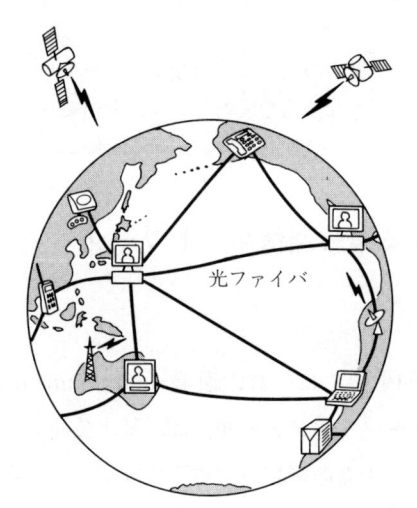

図 3.1 情報通信基盤

ネットワークとは，文明の根幹でもある。古代から道路や上下水道などのネットワークが建設されてきたし，現代は電気やガスなどのネットワークが整備された。そして，デジタル情報通信の時代が到来し，家庭まで1ギガビット/秒以上の**広帯域**（broadband，**ブロードバンド**）の通信回線さえ提供される。

かつて家庭に電気がやってきてエジソン電球がともった時点で，真夏にエアコンのきいた部屋で冷たいビールを飲みながら，はるか遠方のプロ野球を観戦できるようになるとは，だれ一人想像できなかった。情報通信ネットワークの影響は，電力ネットワーク以上にはるかに大きいだろう。

情報通信基盤では，**有線通信**（wired communication）技術とともに，**移動体通信**（mobile communication）などの**無線通信**（wireless communication, radio communication）技術も重要である。無線方式には，**衛星通信**（satellite communication) も含む。有線テレビすなわち **CATV**（cable television）など，**通信と放送の融合**のもとで，世界中に瞬時的に情報が行き渡る時代である。

コンピュータ用の回線が電話に利用される。オンラインショッピング（online shopping）や通信型ゲームなど，多様な応用が進展する。双方向（interactive）の多チャンネルテレビ，ビデオオンデマンド（video on demand, VOD），ビデオ会議，遠隔授業，個人放送など，大容量の情報が送受信される。VODとは，いつでも即座に自分の見たいビデオを送信してくれるサービスである。

人間どうしだけでなく，機械どうしの通信が激増している。自動車やデジタル家電製品などが，コンピュータと同様に高度な通信機能を備え，たがいに通信し合いながら，高度な機能を提供する。

国内の固定電話の台数は，この変化以前には6 000万台程度だった。10年間でそれをはるかに上回る携帯電話が付け加わった。また，発展途上国における通信環境の変化は，より劇的だった。電話やインターネットが急速に普及し，短期間に驚くほどの変化が起こった。

3.1.3 デジタル通信の効率性

デジタル通信は，アナログ通信よりも低コストである。データを圧縮することによって，テレビ放送の電波帯域幅は数分の1に圧縮できるなど，コストでの有利性が大きい。また，通信網において，最もコストがかかるのは，長距離回線の敷設だが，デジタル通信は高価な回線を高度に有効利用できる。

例えば従来の電話の接続は，**回線交換**（circuit exchange）と呼ぶ交換方式を採用していた。回線交換方式では，接続している間は信号がなくても回線を占有している。一方，コンピュータネットワークでは，**パケット交換**（packet exchange）という方式を採用する。パケットというのは，小包という意味である。**図3.2**（a）のように，伝送すべき**メッセージ**（message）は，通常は数十〜数千バイトのサイズのパケットに分割され（インターネットでは最大1 500バイト），それに**ヘッダ**（header）がつけられる。ヘッダには，宛先アドレスや発信アドレスなどが書かれる。

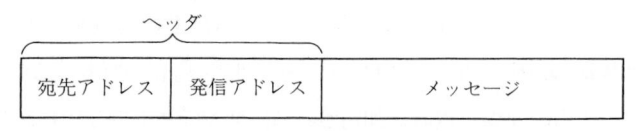

```
┌─── ヘッダ ───┐
│宛先アドレス│発信アドレス│  メッセージ  │
```

(a) パケットの構造

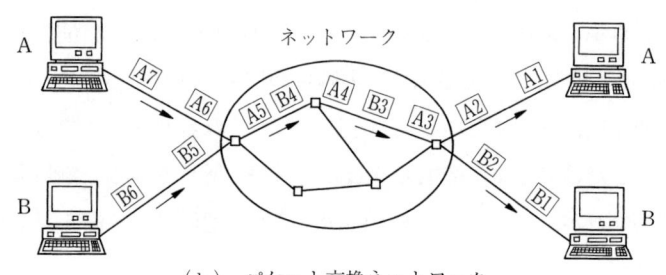

(b) パケット交換ネットワーク

図 3.2 パケット交換方式

このようなパケット交換では，回線を高度に有効利用できる．通常，利用者がデータを送受信するのは，接続している時間のごく一部にすぎない．そこで図 3.2（b）のように，複数の人たちのパケットを，1本の回線に相乗りさせて，回線を有効利用する．例えば回線を 10 人共同で利用すれば，10 分の 1 のコストになるなど，アナログ通信より劇的に安価にできるわけである．

同様に，携帯電話網でも，少ない電波帯域幅を高度に有効利用している．それが**セルラ方式**（cellular system）である（図 3.3）．セルとは細胞という意味であって，無線基地局をたくさん並べて，サービスエリアを細胞状にカバーする．このとき，隣り合うセルどうしには，異なる周波数帯域を割り当てる．図は 3 セル繰り返しパターンを示している．3 つの異なる周波数群だけで全地域を覆える．用いる周波数帯域はごく少ないのに，全国でのサービスが可能な

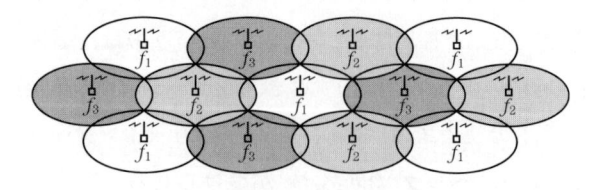

図 3.3 携帯電話のセルラ方式

理由である。10 MHz 台程度の周波数帯域幅でも，1 000 万人といった桁の加入者をまかなえる。

なお，電話網やコンピュータ網は，同時に全員が通信を行うわけでないという前提のもとで設計されている。通信量が激増すると，回線がパンクすることがある。それを**輻輳**(ふくそう)（congestion）という言葉で呼ぶ。

3.2 データ通信とプロトコル

3.2.1 データ通信の技術

データ通信（data communication）というのは，デジタル化された通信のことである。元来は，通信の両側か少なくとも一方が，コンピュータだと定義されてきた。その技術が広く普及して，現在の通信ネットワークを支えている。

各種のデータ通信システムが，1950 年代から開発を進められた。ENIAC が軍事用システムであったように，初期のデータ通信システムの代表である **SAGE**（Semi-Automatic Ground Environment）は，アメリカの防空システムとして 1958 年に稼働した。

このようなデータ通信技術が，銀行のオンラインシステムや，交通網の座席予約システムなどに用いられ，やがてパソコンの接続にも普及するようになった。わが国では，JR の座席予約システムである **MARS**-1(マルス)（Magnetic-electronic Reservation System 1）が 1960 年に稼働しているように，データ通信技術は伝統的に国際水準にある。ただ，日本の**通信自由化**は 1971 年にようやく始まり，全面的な自由化は 1985 年まで遅れた。

参考のために述べると，有線の伝送線は，**より対線**(つい)（twisted pair cable），**同軸ケーブル**（coaxial cable），**光ファイバ**（optical fiber）が広く用いられる。家庭からインターネットに接続するための代表的な通信回線を**表 3.1** に示す。メガビット/秒の桁以上をブロードバンド回線ともいう。これら以外に企業の通信向けの専用線サービスなどがある。また，公衆無線 LAN 方式や携帯電話などを利用しても接続できる。

表3.1 代表的な通信回線

サービス種別	通信速度	回線	備考
FTTH（fiber to the home）	30〜1 000 Mbps 程度	光ファイバ	光モデム接続など最高速である
ADSL（asymmetric digital subscriber line）	下り50 Mbps 以下程度 上りは1桁程度遅い	より対線	ADSLモデム接続 減衰しやすい
CATV（cable television）	数〜30 Mbps 程度	同軸ケーブル	ケーブルモデム接続
公衆無線LAN（local area network）	54 Mbps など	無線	無線LANアダプタ接続
ISDN（integrated services digital network）	64〜128 kbps	より対線	TA（terminal adaptor）接続
公衆電話回線	〜56 kbps	より対線	モデム接続

bps＝ビット/秒

モデム（modem）とは，**変復調装置**（modulator/demodulator）を意味する。電話の音声信号などアナログ信号に変調して（ピ・ポ・パなどの音に変える），デジタル信号を送る装置のことである。データ通信関連の用語は，パソコンに親しんでいるだけではなじみのないものがある。例えば，双方向通信といっても，同時に双方向の通信ができる**全二重**（full duplex）と，時間ごとに一方向の通信しかできない**半二重**（half duplex）があるなどである。

3.2.2 プロトコル

コンピュータ通信技術は，**プロトコル**（protocol）という体系として，広範囲に整備されている。プロトコルとは，通信規約という意味である。

通信技術の体系は非常に厳密に規定され，用語も詳細をきわめている。異なる企業の製造した機器どうしが交信し合える必要があるためである。たった1ビットの信号が規格に合わないだけでも，通信できなくなるおそれがあるので，厳密な規定が必要になる。

情報通信では，通信技術の**標準化**（standardization）を最も重視する。公的な標準化機関での**国際標準**（international standard）として決まることもあれば，製品やサービスを急速に普及させて，**事実上の標準**（de facto standard）として定着させる戦略をとる企業もある。しかも，いったん決めたプロトコルを，気軽に変えてしまうことはできない。十分長い期間にわたって使用できる規約としなければならない。今後の情報通信技術がどう発展していくかを予測しつつ，将来の拡張の可能性も組み込む必要がある。高度な洞察に基づいて決定される。

工学における通常の方法として，複雑なシステムは，**階層**（hierarchy）をきちんと分けた構造で設計する。通信のプロトコルの場合，世界中の無数の企業が製品開発に用いるため，厳密な階層的設計が行われる。国際標準化機構（ISO）と**国際電気通信連合**（International Telecommunication Union, **ITU**）が定めた**開放型システム間相互接続**すなわち **OSI**（open systems interconnection）の**基本参照モデル**（basic reference model）と呼ばれるプロトコルの階層構造を図 3.4 に示す。これをモデルとして，情報通信のプロトコルが設計さ

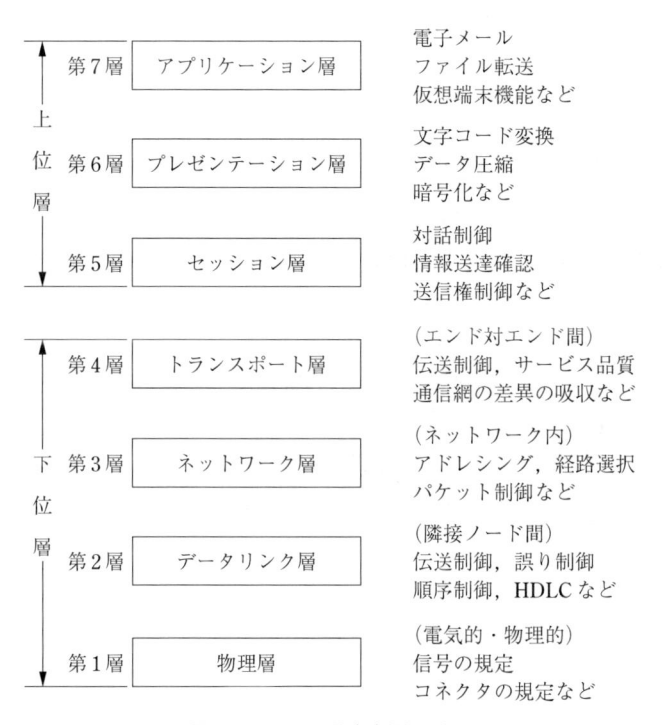

上位層	第7層	アプリケーション層	電子メール ファイル転送 仮想端末機能など
	第6層	プレゼンテーション層	文字コード変換 データ圧縮 暗号化など
	第5層	セッション層	対話制御 情報送達確認 送信権制御など
下位層	第4層	トランスポート層	（エンド対エンド間） 伝送制御，サービス品質 通信網の差異の吸収など
	第3層	ネットワーク層	（ネットワーク内） アドレシング，経路選択 パケット制御など
	第2層	データリンク層	（隣接ノード間） 伝送制御，誤り制御 順序制御，HDLC など
	第1層	物理層	（電気的・物理的） 信号の規定 コネクタの規定など

図 3.4　OSI の基本参照モデル

れるのが普通である。

OSIの基本参照モデルは，7層からなっていて，利用者に近い側から順に，アプリケーション層，プレゼンテーション層，セッション層，トランスポート層，ネットワーク層，データリンク層，物理層に分かれている。

通信ネットワークでの信号の中継には，このうち下位3層がかかわっている。例えば，パケット交換のための代表的なプロトコルである**HDLC手順**(high-level data link control procedure) は，データリンク層のプロトコルである。専門の技術者でなければ覚えるほどでないが，たった1通の電子メールでも，この層のすべてを通過しないことには送信できない。

3.3 コンピュータネットワーク

3.3.1 ネットワークトポロジー

コンピュータネットワークの形状のことを，**ネットワークトポロジー**(network topology) という。ネットワークトポロジーにはさまざまあるが，代表的な形態として，図3.5のように，**スター型ネットワーク**(star network) と**分散型ネットワーク**(distributed network) をあげておこう。

スター型では，中央に1台の**ホストコンピュータ**(host computer) がある。他のコンピュータはそれにつながっている。**集中処理**(centralized processing)

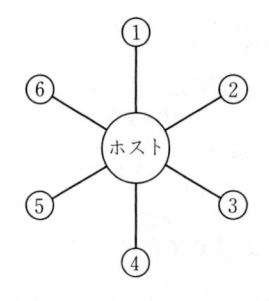

（a）スター型ネットワーク　　　　（b）分散型ネットワーク

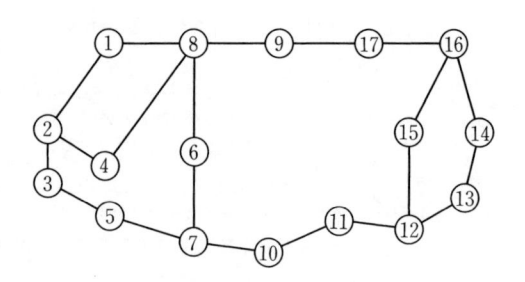

図3.5　ネットワークトポロジーの例

の発想に基づいている．それに対して，分散型では，**分散処理**（distributed processing）の思想を前面に押し出している．

スター型を基本にしたネットワークでは，中央のコンピュータが故障したときには，ネットワーク全体が動かなくなるという欠点がある．しかし，すべてのデータを中央で管理する仕組みにしておけば，ネットワーク全体を統一した運営ができるなどの利点もある．従来の銀行のオンラインシステムなどは，このトポロジーを基本としてきた．

分散型トポロジーは，どれか1台のコンピュータが故障しても，全体としてのネットワークが動かなくなるのを避けられる可能性をもつ．故障したコンピュータを迂回するルートを探して，通信を続けられる．一方，あちこちでコンピュータをつないで，ネットワークの統一した管理ができなくなるおそれもある．ただし，インターネットはこの方式で世界中をつないだ．

また，コンピュータネットワークは，**広域ネットワーク**（wide area network）あるいは**WAN**と呼ばれるような，広い地域にわたったネットワークと，**ローカルエリアネットワーク**（local area network）あるいは**LAN**と呼ばれるような，一つの建物内など狭い範囲のネットワークとに大別される．通常，LANからWANに接続する．3.2.1項の表3.1に示した回線はWANのものである．

3.3.2 LANの技術

LANは比較的狭い範囲（0.1～10km程度）に分散するコンピュータを結ぶネットワークで，低コストで高速通信が可能である．LANに最も多く見られるトポロジーは，図3.6に示す**バス型ネットワーク**（bus network）であ

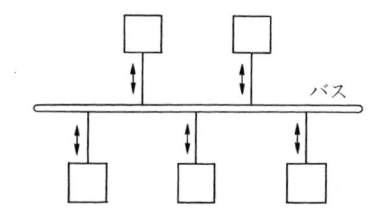

図3.6 バス型ネットワークのLAN

る。バスとは，信号の共通線という意味だが，見かけが図のようであるとはかぎらず，空中の電波を利用する場合などもバスとみなされる。

代表的な LAN の方式に，**イーサネット**（Ethernet）がある。1973 年に考案された当初は 3 メガビット/秒だったが，数千倍に高速化した 10 ギガビット/秒台の製品などに進化していった。伝送線も同軸ケーブル，より対線，光ファイバという順に変化してきた。

イーサネットの伝送方式はユニークだ。**CSMA/CD**（carrier sense multiple access with collision detection）という伝送方式が採用されている（**図 3.7**）。無線で研究されていた方式を応用したものだ。イーサネットにつながっているコンピュータは，伝送路が空いていれば，いつでもパケットを伝送してよい。ただし運が悪ければ，他のコンピュータもほぼ同時に伝送し始め，伝送路上で衝突して，両方とものパケットが壊れてしまう。

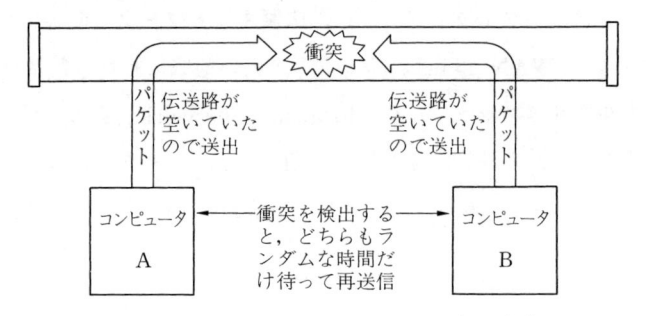

図 3.7　イーサネットにおける CSMA/CD 方式

その衝突を検出した際，各コンピュータはランダムな時間だけ待って，もう一度パケットを送り直す。待ち時間はランダムだとしてあるので，ふたたび同じようにパケットが衝突する確率は低くなる。この簡易な方式で，イーサネットは長い実績を積み，広く普及した。LAN の代表的な方式となったわけである。

その他の LAN 方式には，リング型トポロジーの**トークンリング**（token ring）方式などがある。リング上をトークンという信号が 1 つだけ回り続けていて，トークンビットが 0 のフリートークンをとらえたコンピュータがアクセス権を得る。そして，トークンビットを 1 にし，自分のパケットをつけて送る。

LAN は，**クライアントサーバシステム**（client server system）と呼ぶ構成で運用することが多い。各人の使っているコンピュータを**クライアント**（依頼人の意）という。処理性能や記憶容量の大きなコンピュータ側を**サーバ**（召使いの意）という。かつて能力の大きなコンピュータを，集中型の構成ではホストと呼んだ。それに対して，分散型では思想の逆転がある。分散している多数の個人用コンピュータが主役だという考え方で運営されている。

3.3.3 ネットワークの相互接続

LAN は，適当なサイズだから可能である。光や電子の速さや，信号の乱れによって，LAN の最大サイズは制限を受ける。例えば，より対線ケーブルの最大長が 100 m とされるなどである。イーサネット間での接続の場合，**スイッチングハブ**（switching hub）という装置を用いると制限が緩和される。宛先がハブの外かどうかを解析してからパケットを送出するので，LAN の負荷も下げられ，広く用いられている。

LAN どうしの接続や，LAN と WAN の相互接続を行う装置には，いくつかの分類がある。信号を整形するだけの物理層の装置から，プロトコルの変換を行う装置までである。

(1) **リピータ**（repeater）　物理層の接続装置。ケーブル長を延長したい場合に用いる。

(2) **ブリッジ**（bridge）　データリンク層のプロトコルまで扱う。スイッチングハブや，イーサネットとトークンリングとの中継器などはこの分類である。パケットをいったん蓄積して中継する。

(3) **ルータ**（router）　ネットワーク層での接続装置。相手ネットワークへの経路選択機能をもつ。家庭内などの LAN から外部の WAN へ接続する装置は，ルータ機能をもつ。

(4) **ゲートウェイ**（gateway）　トランスポート層以上のプロトコルも吸収して接続する装置，あるいはその機能をもつソフトウェアである。

3.4 インターネット

3.4.1 インターネットと TCP/IP

 ネットワーク技術の集大成であるインターネットについて述べよう。ネットワーク間の相互接続プロトコルとして最も普及しているのが，**TCP/IP** (transport control protocol/internet protocol) である。これがインターネットで用いられるプロトコル群である。インターネットという言葉を普通名詞として使うときには，「ネットワークのネットワーク」という意味であり，ネットワーク間相互接続を指している。

 IP はネットワーク層のプロトコルであって，ネットワーク間の基本的なデータ転送を担当する。トランスポート層では，TCP が信頼性の高いデータ転送プロトコルとして用いられるが，後で述べるように，UDP というプロトコルもある。

 歴史的にインターネットの前身は，アメリカ国防総省の高等研究計画局 (ARPA) による **ARPANET** (Advanced Research Projects Agency Network) であり，1969 年に構築された。敵からの攻撃に強い方式をめざした。TCP/IP が確立されたのは 1982 年である。

 当初は軍事用で開発されたが，しだいに学術機関を結ぶネットワークとしての意味を増していき，軍用部分が切り離された。さらに 1995 年には，完全商用化がなされ，爆発的な普及が始まった。軍事用，学術用について 3 度目の衣替えとなった歴史をもつ。

3.4.2 IP というプロトコル

 IP (internet protocol) は，ネットワーク層において**ルーティング** (routing) という経路制御を行うプロトコルである。

 インターネットに接続される全コンピュータには，一意の番地がつけられる。それを **IP アドレス** (IP address) という[†]。長く用いられてきた **IPv4**

(IP version 4) では32ビットであり，約40億のアドレスが可能である．また，**IPv6**（IP version 6）は128ビットに拡張され，地球上の1mm四方に6×10^{17}以上ものアドレス割り当てが可能となった．

IPv4のIPアドレスは，8ビットずつ（255以下の値）の4つに区切って表示する習慣がある．例えば，

   192.168.10.33

のような表現である．また，そのうち上位桁をネットワーク番号，下位桁をそのネットワーク内のホスト番号としていて，その境界を示すために，32ビットのネットマスクを付加する．例えば，

   192.168.10.33/255.255.255.0

であれば，上位24ビットがネットワーク番号，下位8ビットがホスト番号であり，ネットワーク内のホスト33番である．

ネットワーク番号部を，8ビット，16ビット，24ビットとする3種のクラスA〜Cなどがある．また，ホスト番号部のビットをすべて0にすると，そのネットワーク全体を表し，すべて1にすると，そのネットワーク全体に同じパケットを送る**ブロードキャスト**（broadcast）すなわち同報一括送信を表す．

このようなIPアドレスは人間が覚えにくいので，**ドメイン名システム**（Domain Name System）すなわち**DNS**を用いる．例えば，

   informatics.kyoto-u.ac.jp

などの表現法である．ドメイン名全体で255文字以下である．ドットで区切られた右から順に，「jp」の部分をトップレベルドメイン，「ac」の部分をセカンドレベルドメインという．トップレベルは，アメリカ以外は国名である．よく知られたドメインを**表3.2**に示す．

ドメイン名とIPアドレスとの対応づけは，**DNSサーバ**が担当する．DNS

---

† 実際には，各コンピュータのLAN接続部に，世界で一意的な48ビットの**MAC**（Media Access Control）**アドレス**がつけられていて，LAN内ではそれで識別する．また，LAN内の多数のプライベートIPアドレスを，少数のグローバルIPアドレスに変換したり，**プロキシサーバ**（proxy server）という代理サーバで中継して，LAN内のアドレスを見せないこともある．

表 3.2 インターネットのドメインの例

トップレベルドメイン		セカンドレベルドメイン	
jp	Japan	co	commercial
com	US commercial	ne	network service
net	US network service	ac	academic
edu	US education	or	organization
org	US organization	gr	group
gov	US government	go	government
biz	business organization	ed	education
name	personal	ad	administration

サーバは，世界中で階層的構成をとっている。最上位の**ルートドメインサーバ**は，世界で13台ある。それらの階層的なサーバのどこかに，IPアドレスとの対応づけが書かれている仕組みである。

3.4.3 TCP と UDP

トランスポート層のプロトコルとして，**TCP**（transport control protocol）は**コネクション**（connection）を確立して，送ったことを確認しながら通信する信頼性の高い方式である。

一方，**UDP**（user datagram protocol）は音楽や動画などのリアルタイムの**ストリーミング**（streaming）通信に用いられ，パケットが失われることを許容する**コネクションレス**（connectionless）方式である。ストリーミングとは，受信しつつ再生を始める方式で，受信の待ち時間を短縮できる。

TCPあるいはUDPでは，**ポート番号**（port number）によってアプリケーションを識別する。IPアドレスとポート番号を合わせて，**ソケット**（socket）という概念で扱われる。まるで電気のソケットを差し込むように，細かい通信手順を意識することなく，ソフトウェアから接続する仕組みである。

ポート番号は65535すなわち（FFFF$_{16}$）まである。よく知られた番号に，HTTPの80（8080も使われる），POP3の110，SMTPの25などがある。これらは以下で説明する。現在，49151すなわち（BFFF$_{16}$）までが世界共通の割り当て対象である。

3.4.4 TCP/IP 上の各種プロトコル

インターネットは，Web ページの閲覧や電子メールの送受信など，さまざまな用途に広く用いられる。人類の情報の宝庫である。電子掲示板（bulletin board system，BBS），同報一括送信によるメーリングリストやニュースグループ，日記形式のブログ（blog，web log の意）などで情報発信する人も多い。TCP/IP の上で機能している代表的なプロトコルを以下に示す。

（1）**HTTP**（hypertext transfer protocol）　Web サーバと Web ブラウザの間で用いられる。HTML 文書や画像などをやり取りする。

（2）**HTTPS**（HTTP over transport layer security）　HTTP に暗号化のための **SSL**（secure sockets layer）機能を付加したプロトコル。安全に個人情報のやり取りや電子商取引を行う。

（3）**FTP**（file transfer protocol）　ファイルを転送するためのプロトコル。Web ブラウザはそのためのファイル転送機能をもつ。

（4）**Telnet**（telecommunication network）　ネットワーク上の他のコンピュータに端末として接続するプロトコル。

（5）**POP3**（post office protocol version 3）　メールサーバに蓄えられている電子メールをダウンロードするプロトコル。

（6）**IMAP**（Internet message access protocol）　メールサーバに電子メールを置いたまま読めるプロトコル。毎回異なるコンピュータやモバイル環境で読むときに便利である。

（7）**SMTP**（simple mail transfer protocol）　電子メールの送信とサーバ間の中継に用いるプロトコル。

なお，常時接続回線で家庭から接続する際，**PPPoE**（PPP over Ethernet）というイーサネット用のプロトコルがよく用いられる。電話回線のダイヤルアップ接続に用いられる **PPP**（point to point protocol）を常時接続用にしたものである。MAC アドレス（51 ページ脚注）で双方のコンピュータを識別する。

3.5 ワールドワイドウェブ（WWW）

3.5.1 Webとブラウザ

ワールドワイドウェブ（World Wide Web）すなわち**WWW**は，**Web**ともいわれる。現在のインターネットの主たる応用形態である。**バーナーズ-リー**（T. J. Berners-Lee）が1989年にグローバルハイパーテキストプロジェクトとして提案した。

ハイパーテキスト（hypertext）形式で記述された無数の**Webページ**とその構成要素が，**ハイパーリンク**（hyperlink）によって結びつけられている（図3.8）。プロトコルとしてはHTTPをおもに用いる。Webページのことを**ホームページ**（homepage）とも呼ぶが，元来は各**Webサイト**（web site）のトップページを意味する言葉である。

Webページの閲覧ソフトを，**Webブラウザ**（web browser）またはブラウザという。WebページはすべてWebサーバが提供する。Webブラウザは，

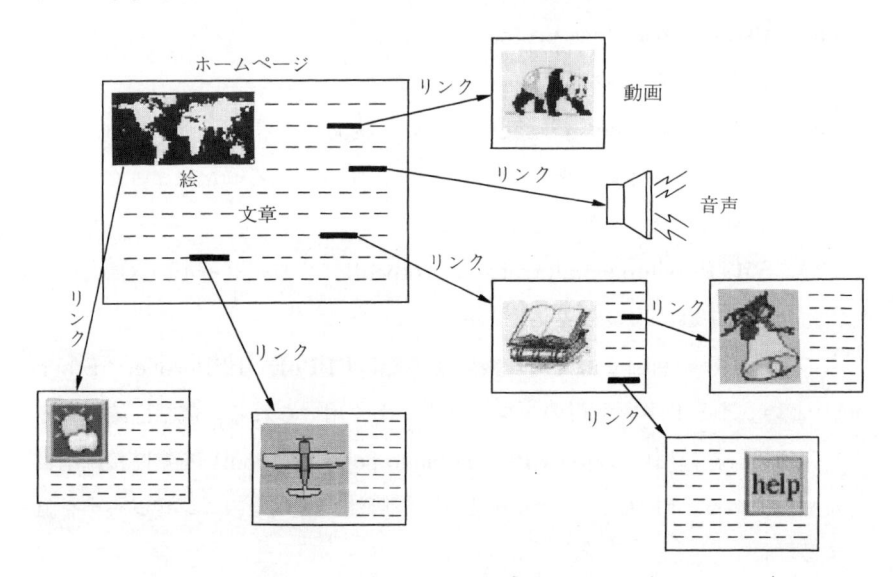

図3.8 ハイパーテキスト形式のWebページ

クライアント側の表示ソフトのことである。サーバ側のソフトは，Apache（アパッチ）や IIS（Internet Information Services）などがよく用いられる。

　Webページなどの情報のある場所と，その取得方法を指定する記述形式として，**URL**（uniform resource locator）が広く使用されている。ブラウザのアドレス欄に入力する。例えば，

　　　http://www.kyoto-u.ac.jp/index.html

なら，プロトコルHTTPでドメイン名www.kyoto-u.ac.jpのWebサーバにあるindex.htmlというファイルを**ダウンロード**（download）して，ブラウザに表示する。

　URLには，「https:」で始まるもの，「ftp:」で始まるもの，「file:」で始まるもの，「mailto:」で始まるものなども使える。「//」は後にサーバ名が続くことを示す。「/」はファイルの場所へのパス（path）を構成する記号である。

　Webページは，次に述べるHTMLという言語で記述される。URL，HTTP，HTMLはバーナーズ-リーが最初に設計した。

3.5.2　Webページ記述言語HTML

　HTML（hypertext markup language）[†]は，Webページを作成するための記述言語（マークアップ言語）である。音楽や画像などのファイルへのハイパーリンクを書き込めるようになっている。最初の開発は1992年である。その後，**WWWコンソーシアム**（WWW Consortium，**W3C**）が標準化を行っている。

　HTMLは，すべて文字からなるテキスト文書なので，テキストエディタやワープロソフトで作成できる。**タグ**（tag）という一種のコマンドを含んでおり，多様な表現力をもたせている。図3.9にHTMLによる記述例と，それをWebブラウザで表示した例を示す。<head>と</head>に囲まれた部分がhead要素（見出しの意）であり，<body>と</body>に囲まれた部分が

[†] **SGML**（Standard Generalized Markup Language）をもとにして設計された。SGMLは電子出版やコンピュータ間での文書交換に用いられる。

```
<html>
<head><title>Webページの例</title></head>
<body>
<br><center><font size=+2>これはWebページの例です。</font></center>
<br><hr><br>
<ul>
<li>自由に文章を書くことができます。</p>
<li>本書に対するご意見は、
<a href="mailto:inagaki@i.kyoto-u.ac.jp">ここ</a>
または下記アドレスをクリックすることで、電子メールにてお送りください。
</ul>
<hr>
<a href="mailto:inagaki@i.kyoto-u.ac.jp">
<address>inagaki@i.kyoto-u.ac.jp</address></a>
</body>
</html>
```

(a) HTMLによる記述例

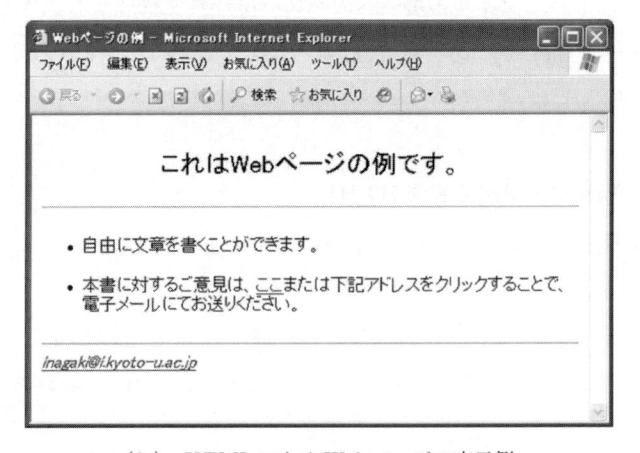

(b) HTMLによるWebページの表示例

図3.9 HTMLの記述とWebブラウザによる表示

body要素（本文の意）である。html要素はこの2つからなる。

タグは，例えば段落の場合，＜p＞〜＜/p＞のように開始タグ（start tag）と終了タグ（end tag）の組み合わせで表す（paragraphの意）。「＜b＞これは重要である＜/b＞」と書くと，この部分の文字列が太字（boldの意）になる。このように印をつけることを，マークアップという。なお，＜br＞（breakの意

で改行を表す）など，終了タグのないものもある。

　タグは大文字でも小文字でもよい。ただし，後継の規格である**XHTML**（extensible HTML）では小文字に統一された。XHTML は，インターネットでのデータ送受信用に高度化した言語**XML**（extensible markup language）に準拠して設計された。XHTML や XML では，文書の論理構造の記述を重視し，レイアウトは別に表現する形式としている。XML はタグを自由に定義できる。

　このようにして記述した HTML ファイル（ファイル拡張子は html または htm）を，Web ブラウザで表示できる。Web ページ作成ソフトやワープロソフトには，HTML のタグをわざわざ記述しなくても，自動的に付加してくれるソフトが多い。また，Web にはさまざまなコンピュータが接続されるため，各種のファイル名は半角英数字と「.」,「-」,「_」程度とし，スペースさえ含まないようにしておく配慮が望ましい。

　なお，Web サーバは，Web ブラウザを通じて，訪問者のコンピュータ内に**クッキー**（Cookie）という小さなファイル（4 096 バイト以下）を書き込むことがある。訪問者を識別する情報を記録し，その訪問者に継続して同じ環境を提供するためである。われわれがよく知らない仕組みが背後で動いているのも，Web の特徴である。

3.5.3　Web 検索

　世界中にはギガの桁で数えるべき Web ページが存在する。その中からほしいページを見つけることは非常な難題である。そのため，インターネットで生まれたベンチャー企業のうち，**Web 検索**（web search）を行う**検索サイト**（search site）あるいは**ポータルサイト**（portal site）と呼ばれるサイトを運営する企業が最も注目を浴び，インターネットの中心的存在となった。

　検索エンジン（search engine）と呼ばれる検索手段は，2 つの方式に大別される。

　（1）**キーワード検索型**　　**ロボット型**ともいう。**クローラ**（crawler）な

どと呼ばれるソフトが，定期的に Web を巡回して，必要なデータ（検索対象語と URL の組）を収集する。処理はすべて自動化され，Web の全文検索を行うため，大量で最新の検索情報を提供できる。データの精度は人手に劣り，無関係なページがまぎれ込む。

（2） **カテゴリ検索型**　　人手で項目を階層的に分類して登録する。その階層を順にたどることによって必要な情報を一覧させる。データの精度は高いが，登録の遅れや，どのカテゴリにも属さないデータなどの問題がある。キーワード型と併用するのが通常である。

Web ページ側で，内容の要約を行って発信する **RSS**（rich site summary）形式が，XML を用いて定められている。多数の Web ページの内容を効率的に把握するのに便利である。R は RDF（resource description framework）の略でもあり，情報の要約形式である。

また，関連サイトのリンク集を掲載している Web サイトが各所にある。そのようなリンクによって，Web は世界中にまさにクモの巣状に張り巡らされている。

演 習 問 題

3.1　コンピュータネットワークが，人間にとってどんな有用性があるかを自由に考えてみよ。

3.2　コンピュータネットワークが，人間に対してどんなマイナスの影響を及ぼしうるかを自由に考えてみよ。

3.3　コンピュータネットワークで用いる**パスワード**（password）は，英字と数字を使って，せいぜい 10 文字以内程度のものが多い。どんなパスワードだと他人に見破られやすいか考えてみよ。

3.4　HTML の記法を調べ，自分を紹介する Web ページを作ってみよ（Web ブラウザでは，自分のコンピュータ内の HTML ファイルも，ファイル名を指定するだけで表示できる）。

3.5　電子メールには，**MIME**（multipurpose Internet mail extensions）という規格がある。7 ビットの ASCII コードしか許さない通信において，任意の文字コー

ドや任意のビット表現のファイルを送れる。MIME で用いる **Base 64** という符号化法を調べてみよ（底 64 すなわち 6 ビット区切りの符号化法である）。

3.6 検索エンジンを使用するとき，いろいろなコツがある。例えば「○○とは」と「とは」をつければ，言葉の定義を記載した Web ページが検索結果の上位に来やすい。その他のコツを調べてみよ。

4
プログラムを作る

コンピュータのプログラムを書くために，プログラム言語を用いる。プログラムの基本をこの章で学ぶ。現在は，ハードウェアよりもソフトウェア技術の方がはるかに比重が高い。コンピュータ自体のプログラムだけでなく，Webページ用などのプログラムを書く機会も多くなっている。

4.1 機械語のプログラム

4.1.1 命令セットと機械語

ソフトウェアを動かすあるいは走らせることを，**ラン**（run）という。あるいは**実行**（execute）という言葉も使う。どういうふうに実行するかは，ほぼ1章で考えたとおりである。コンピュータをインターネットに接続するなどすべての動作は，コンピュータプログラムによって行っている。

普通のコンピュータでは，7章で述べるオペレーティングシステムという基本ソフトウェアがあって，それがさまざまな仕事の面倒をみてくれる。プログラムのファイルをダブルクリックなどで指定すると，主記憶装置に読み込んでくれる。主記憶装置に読み込む操作を，**ロード**（load）という。そしてランさせてくれるわけだ。

特定のコンピュータで使える**機械語**（machine language）の命令の組をひとまとめにして，命令セットということは1.3.2項で述べた。命令セットは，機種ごとに決まっている。A社のマイクロプロセッサと，B社のマイクロプロセッサでは，命令セットに**互換性**（compatibility）がないということがあ

るので,注意が必要だ。付け加えると,コンピュータの命令セットや,その他の基本構造を含めて,**コンピュータアーキテクチャ**(computer architecture)という言葉を使うことがある。アーキテクチャの原義は建築術である。アーキテクチャが同一なら,同じ機械語プログラムを動くと考えられる。

機械語の命令は,すべて 0 と 1 で記述されている。機械語のプログラムの例を,図 4.1(a)に与えておこう。図では,2 値のビット列を,16 進表記で表現している。CPU のハードウェアが直接実行できるのは,このような機械語のプログラムである。

番地	機械語
0000	
0000	B8 ---- R
0003	8E D8
0005	B4 09
0007	BA 0000 R
000A	CD 21
000C	B4 4C
000E	CD 21
0010	
0000	
0000	0D 0A
0002	48 65 6C 6C 6F 2C 20 77 6F 72 6C 64 21
000F	0D 0A 24
0012	

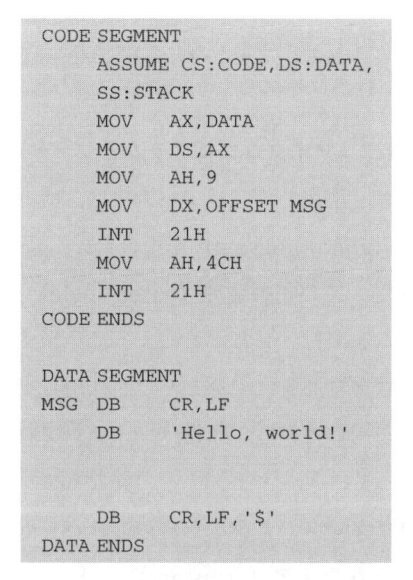

```
CODE SEGMENT
        ASSUME CS:CODE,DS:DATA,
        SS:STACK
        MOV     AX,DATA
        MOV     DS,AX
        MOV     AH,9
        MOV     DX,OFFSET MSG
        INT     21H
        MOV     AH,4CH
        INT     21H
CODE ENDS

DATA SEGMENT
MSG     DB      CR,LF
        DB      'Hello, world!'
        DB      CR,LF,'$'
DATA ENDS
```

(a) 機械語によるプログラム　　(b) アセンブラ言語によるプログラム

図 4.1 機械語のプログラムとアセンブラ言語のプログラム

4.1.2 アセンブラ言語

現在は,一部の技術者を除いて,機械語でプログラムを書く機会は少ない。ただ,学校などでの実習として,機械語でプログラムを作る練習をすることがある。ハードウェアの知識が必要であり,CPU 内部のレジスタを使いこなさ

ないといけないので、かなりたいへんだ。

機械語のプログラムを書くときは、通常、**アセンブラ**（assembler）と呼ばれるソフトウェアの助けを借りる。2進表示の機械語を書くのではなく、命令の名前をアルファベットの数文字で略記して、プログラムを書いていく。図4.1（b）に示しているのが、そのプログラムの一例だ（8086というマイクロプロセッサのものである）。命令の略称を**ニーモニック**（mnemonic）という。このプログラムはその左側の機械語のものだ。

このような言語を、**アセンブラ言語**（assembly language）という。アセンブラは、アセンブラ言語で書いたプログラムを、2進の機械語プログラムに変換してくれる。アセンブラ言語の命令は、機械語とほぼ1対1に対応している。

4.1.3 マイクロプログラムとファームウェア

なお、現在のコンピュータでは、機械語よりさらに下位に、**マイクロプログラム**（microprogram）を用いるのが通常である。機械語の命令セットは、ハードウェアの布線論理（wired logic）で実現するのではなく、マイクロプログラムを実行させることによって実現される。マイクロプログラム方式は、マイクロプロセッサのほとんどが採用している。機械語よりもっと基本的な命令体系を用いている。通常はマイクロプログラムを変更しないが、変更することによって、アーキテクチャの異なるコンピュータを実現することもある。

マイクロプログラムを含めて、ハードウェア寄りのプログラムを一括して、**ファームウェア**（firmware）と呼ぶ。コンピュータ関連機器、通信機器、デジタル家電製品などに、ファームウェアが組み込まれている。機能の改良や不具合の修正のために変更（update）することがある。

パソコン本体の基板である**マザーボード**（mother board）には、**BIOS**（バイオス）（Basic Input/Output System）というファームウェアが組み込まれている。起動時のハードウェアの診断や、周辺装置の設定と制御に用いられる。

4.2 高級言語

4.2.1 高級言語のプログラミング

プログラムを作ることを，**プログラミング**（programming）といい，それを職業とする人を，**プログラマ**（programmer）という。そのために用いる言語を，**プログラム言語**（programming language）という。アセンブラ言語もプログラム言語の一種だ。

世の中で最も普通に用いられているプログラム言語は，**高級言語**（high-level language）あるいは高水準言語と総称される言語である。機械語やアセンブラ言語では骨が折れる。もっと簡単にプログラミングできないだろうかと，発明されたのが高級言語である。さまざまな種類がある。

例えば，**Fortran**（フォートラン）という高級言語の名を聞いたことがあるだろうか。図4.2に，Fortranで書いたプログラムの例を示そう。1から100までの整数の総和を計算するプログラムである（Fortranの記法は何度か改定されていて，図ではFortran 90を用いている）。

```
PROGRAM EXAMPLE
INTEGER I, SUM
SUM=0
DO I=1,100
 SUM=SUM+I
END DO
PRINT *, SUM
END
```

図4.2 Fortranプログラムの例

高級言語のプログラムというのは，数式混じりの英語といった表現になっている。なにも知らない人が読んでわかるというほどではないが，アセンブラ言語のプログラムよりはずっと読みやすい。ただ，おまじないのような記法が多いので，その言語の**文法**（grammar）を知らないと，正確には理解できない。

このプログラムで，1行目はEXAMPLEというプログラムであるという意味にすぎず，省略可能だ。2行目は整数（integer）の変数宣言である。DO文は

繰り返しを表現している。Iの値を1, 2, 3と順に100まで増やしていって, SUM=SUM+Iを実行する。

なお, 通常の数学と異なり, この式の両辺のSUMを消して, 0=Iとしてはいけない。「=」は代入を意味していて, 右辺の値を計算して, 左辺の変数に代入するのである。実行が終わった時点で, SUMには1から100の総和が入る。

こういうプログラムを見て, コンピュータがきらいになる人もいるかもしれない。プログラミングはかなり手間のかかる作業である。ただ, 数学パズルを解くような楽しみもあるし, 創作の喜びも感じられる。

4.2.2 高級言語のいろいろ

高級言語は, 1960年前後に登場したものが多い。1950年代にさまざまな商用コンピュータが開発されて, その使用経験を積むうちに, プログラミングの難しさがわかってきた。その結果, 少しでもプログラミングの能率をよくしようということで開発された。

Fortranはかつては FORTRAN と書かれた。formula translatorの略だ。最初に発表されたとき (1957年), **自動プログラミング** (automatic programming) という言葉さえ使われた。高級言語というのは, 画期的な発明だったのである。

その後開発された高級言語は, Fortranの大きな影響を受けたものが多く, 書き方がよく似ている。それらのプログラム言語のひとつを知っていれば, 他の言語を習得するのに, あまり苦労せずにすむということだ。

表4.1に, 代表的な高級言語のいくつかを示しておく。Fortranの書き方とそんなにちがわないのは, **Basic, C, Java, Pascal, ALGOL** などの言語だ。最初に学ぶ言語としてよいだろう。

Fortranは科学技術計算用に使われている。Basicは初心者用の言語だ[†]。Cはシステム開発によく用いる言語である。Javaはネットワーク環境などで広

[†] マイクロソフト社のVisual Basicは初心者用ではなく, 非常に大きな体系の言語である。

表 4.1　代表的な高級言語の例

Fortran	ALGOL
| ```
DO I=1,10000
READ *, X
IF (X>MAX)MAX=X
END DO
``` | ```
for i=1 until 10000 do
begin ininteger(x);
  if x>max then max:=x
end;
``` |

Basic	COBOL
| ```
10 FOR I=1 TO 10000
20 INPUT X
30 IF X>MAX THEN MAX=X
40 NEXT I
``` | ```
PROCEDURE DIVISION.
L.ACCEPT X.
  IF X>MAX MOVE X TO MAX.
  GO TO L.
``` |

C	APL
| ```
for(i=1;i<=10000;i++){
  scanf("%d",&x);
  if(x>max)max=x;
}
``` | X ← 3 1 17 5 10 4 9 7 14 6<br>⌈/X |

Java	Lisp
| ```
for(i=1;i<=10000;i++){
  x=Integer.parseInt(kb.readLine());
  if(x>max)max=x;
}
``` | ```
(defun what-day(day)(cond
((member day '(月 火 水 木 金))
 '平日)((member day '(土 日))
 '週末)(t 'エラー)))
``` |

Pascal	Prolog
| ```
for i:=1 to 10000 do
begin read(x);
  if x>max then max:=x
end;
``` | ```
human(Socrates).
mortal(X):-human(X).
``` |

く使われ，Cの系統の表現法を採用する．Pascalは教育用の簡明な言語だ．ALGOLは歴史的重要性を有する言語であり，設計の美しさが後の多くの言語に影響を与えた．

　もっと変わった言語もある．**COBOL**(コボル)(common business oriented language) は，事務処理用に開発されたプログラム言語で，利用者が最も多い言語のひとつだ．事務処理用にファイルの読み書きや，さまざまなデータ処理のための表現法が工夫されていて，毛色が異なる．

　APL(エーピーエル)は，きわめて短い行数でプログラムを書ける言語だ．さまざまな数学演算子をもっていて，ベクトルや行列計算などの表現に強い．かつては少数のファンがいたり，ハードウェア記述用に用いられた．
```

Lisp（list processor）という言語は，記号処理という分野で使われる。人工知能分野の研究者に利用者が多かった。この言語の設計は，Fortran などとまるで異なっているので，他の言語の知識があったとしても，まったく理解できないだろう。他の人とちがった知識を得たい人は，勉強してみるとよい。

人工知能分野では，**Prolog**（programmation en logique）という言語も考えられた。このプログラム言語も奇妙なスタイルをしている。三段論法などの論理的な自動推論をコンピュータに行わせるための言語だ。

その他にもさまざまな高級言語がある。近年はいろいろ提案されて，標準化がなされている。本章では上記以外にもいくつか紹介しよう。

4.2.3 高級言語の実行

人間が理解できるように，高級言語やアセンブラ言語で書かれたプログラムを，**ソースプログラム**（source program）あるいは**ソースコード**（source code）という。ただ，高級言語のソースコードを，そのまま CPU が実行できるわけではない。機械語に変換するなどの仕組みが必要である。

最もよく用いられるのは，**コンパイラ**（compiler）と呼ばれるソフトウェアを用いて，**コンパイル**（compile）を行うという方法だ（図 4.3（a））。機械語のプログラムに一括変換する。図はその細部を表現しているが，アセンブラ言語に相当する**オブジェクトプログラム**（object program）に変換し，それと**ライブラリ**（library）というコンパイラ側が提供するプログラム群（各種関数の計算プログラムなど多数用意してある）とをつなぐ。ただ，現在はその過程が一気に進むように見えるコンパイラが多い。

また，**インタプリタ**（interpreter）というプログラムの助けを借りて，1 文ずつ解釈しながら，実行する方式もある。図 4.3（b）に簡略に示す。コンパイルするよりも，実行速度が一般に 1～2 桁程度遅くなる。初期の Basic や Java や，後述するスクリプト言語で用いられてきた。

この 2 方式の中間に位置する方式もある。**中間言語**（intermediate language）と呼ばれる形式にまでいったん変換するのである（図 4.3（c））。中間言語は

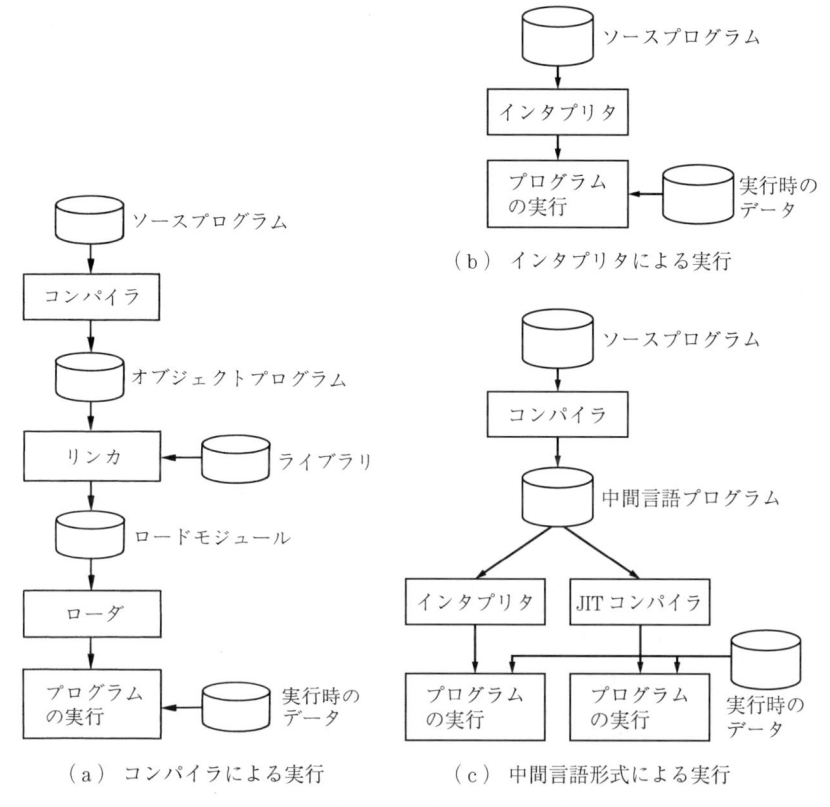

図4.3　高級言語プログラムの各種実行方式

（a）コンパイラによる実行
（b）インタプリタによる実行
（c）中間言語形式による実行

CPUの機械語ではないが，各命令を1バイトで表現した形式などである。なお，中間言語表現に対して，機械語のプログラムを**ネイティブコード**（native code）などと呼ぶことがある。中間言語で表現されたプログラムの実行は，インタプリタやコンパイラを用いる。コンパイラを用いるときは，JITコンパイラともいう。JITは"just in time"の略であり，実行直前に機械語へコンパイルする方式である。

　中間言語に対するインタプリタやコンパイラの作成は比較的容易だ。そのため，異なるアーキテクチャのコンピュータ上で同一のプログラムを動かしたり，さまざまな言語のプログラムを扱ったりするのに適する。JITコンパイラ

を用いると，機械語に直接コンパイルする場合よりも，多少実行速度が低下するが，実用上は許容できることが多い．一方，中間言語は，ソースコードを他人が復元しやすいという問題点もある．

4.3 プログラムの作り方

4.3.1 プログラミングに慣れる早道

Fortran，C，Java などの言語を学んでおけば，他の高級言語を学ぶ際にあまり困らない．広く用いられているのは，これらに類似した言語がほとんどである．プログラミングというのは現代的な仕事であって，恐れないでやってみるという姿勢が，習熟するための第一歩である．コンパイラをインターネットなどで無料で入手できる言語も多い．

最初の段階でつまずかないように，プログラミングに慣れる早道を述べておこう．第一歩はまず例題プログラムをいくつかながめてみることである．極端なことをいえば，これでその言語の半分くらいは理解できると思ってよい．

図 4.4 に，Java で書いたプログラムの例を 2 つ示す．意味不明のおまじないのような記述は，どのプログラムでも同じような書き方で，プログラム開発用ソフトが自動生成してくれることが多い．実際の仕事をする部分だけを自分で作れればよい．

それぞれのプログラムは Example1 と Example2 である．なんとなく意味がわかるだろう．球の体積を求めるものと，階乗の計算をするプログラムだ．double というのは，倍精度浮動小数点変数の宣言，int は整数変数の宣言である．

除算は「/」という記号を用いる習慣がある．乗算なら「*」である．図 4.4 (b) で，for( ) は i を 1 から n まで順に変化させた繰り返しである．また「x*=i」としているのは，C や Java などでよく用いる略記法で，「x = x*i」の意味だ．「i++」も「i = i+1」の略記法だと考えてよい．

入力や出力などは，プログラム言語ごとに独特の記法があって，初心者が悩

```
public class Example1
{
 public static void main(String args[])
 {
  double pi, r, V;
  pi=3.14159;
  r=10.0;
  V=4.0/3.0*pi*r*r*r;
  System.out.println("体積は"+V+"です");
 }
}
```

（a）球の体積を求めるプログラム

```
public class Example2
{
 public static void main(String args[])
 {
  int i, n, x;
  n=10;
  x=1;
  for(i=1;i<=n;i++)x*=i;
  System.out.println(n+"の階乗は"+x+"です");
 }
}
```

（b）階乗を求めるプログラム

図 4.4　Java プログラムの例

まされる。System.out.println( ) は画面に 1 行表示することを意味する。見本をまねるのがよい。

　C やそれに似た Java などの言語では，{…} というかっこがたくさん入れ子になる。ひとまとめになる範囲をきちんと示すためである。見にくくなるのを避けるため，キーボードの Tab キーを使って適当に字下げ（indent）を行う人が多い。このような空白はプログラムの内容に影響を与えない。

　いくつかのプログラムの例を見れば，それらを変形して，類似のプログラムを作成できる。そのようにしてプログラミングの練習を重ねていけばよい。

　最近のプログラム言語は，非常に大きな体系になっているものが多い。付属の説明資料を専門家が読んでも，ほとんどまったく理解不可能なものもある。

わかりやすい入門書を入手することを薦める。また，説明を読むだけでなく，積極的にプログラムを作って，それらを動かしてみよう。コンピュータの助けを借りながら理解するのが，プログラミング上達の早道である。

4.3.2 バグとデバッグ

われわれが書いたプログラムは，ほとんどの場合，間違いがたくさん含まれている。機械語に翻訳できなかったり，あるいは運よくランさせることができても，たいていは思ったとおりに動かない。プログラム中の不具合を，**バグ** (bug) とか**虫**と呼ぶ。バグを取り除く作業を，**デバッグ**（debug）あるいは**虫取り**という。ハードウェアの設計誤りなどもバグと呼んでいて，コンピュータ分野で最もポピュラーな俗語のひとつだ。

プログラム言語は人工言語である。日常生活で用いる日本語や英語などは，多少間違っていても意味が通じるが，プログラム言語は，文法に完全に合致したプログラムでないと動いてくれない。しかも，習熟した人が書いても，10行も書けば，ほとんどの場合，どこかに間違いが含まれると思ってよいほどである。例えば，先ほどの図4.4（b）の例を考えても，数値データはコンピュータ内部ではいつも有限桁で制限されているので，あまり大きな数の階乗を求めようとすると，エラーで停止するか，不正な値で終わるだろう。きちんとしたプログラムでは，そのような場合の対策も施すべきである。

また，初心者がしばしばつまずく例は，2つの変数aとbの値を入れ替えるだけの例題である。a=b；b=a；としてもうまくいかない。別の変数cを用意して，c=a；a=b；b=c；とすればよい。

コンピュータ上で実行させてデバッグするなら，**デバッガ**（debugger）と呼ばれるプログラムを使えることが多い。最初は使い方がよくわからないだろうが，慣れれば便利な道具である。

高級言語で書いても，1日に数十行程度のプログラムしか完成できない人が多い。プログラム作りが，思ったよりもずっと難しい作業なのと，デバッグに多大の時間を要するためである。非常に難しいプログラムの場合，1人当たり

の生産性が，1日に数行程度にまで落ちてしまうことがある。

プログラムの生産性が極端に低いと，売れっ子の小説家が書く文章よりも，1文字当たりの料金が高くなったりする。しかも，人によって生産性が1桁以上も異なったりするなど，能力の差が開きやすい仕事でもある。

4.4 プログラミングのテクニック

4.4.1 方程式を解く方法 —— 数値解析

コンピュータで方程式を解く際には，通常は**数値解析**（numerical analysis）といって，数値的な解法を用いる。すなわち，浮動小数点数で計算して，解の近似値を求めるのだ。

例えば，
$$x^3 - 2 = 0$$
という方程式を対象にしてみよう。実数の領域でこれを解けば，$\sqrt[3]{2}$ という答えが出る。コンピュータで計算すれば，$\sqrt[3]{2}$ の近似的な数値を求められる。

最もポピュラーな**ニュートン法**（Newton's method）では，**図 4.5** のようにする。すなわち，解に近い適当な x_0 の値からスタートして，$f(x) = x^3 - 2$ のグラフに接線を引く。その直線が x 軸と交わった点の x 座標を，新たな近似値 x_1 とする。そしてそこでまたグラフの接線を引く。このようにすると，ほとんどの場合に図のように，どんどん正しい値に近づいていく。

数式で書くと，
$$f'(x) = 3x^2$$
だから，少し計算していってみると，
$$x_{n+1} = \frac{2}{3}\left(x_n + \frac{1}{x_n^2}\right)$$
という関係が成り立つことがわかる（検算は自分でやってみよ）。

初期値を $x_0 = 2.0$ として，x_n と x_{n+1} との差が 10^{-11} 以下になったら，解の近似値が求まったことにしよう。その Fortran プログラムが**図 4.6** だ。

72　4．プログラムを作る

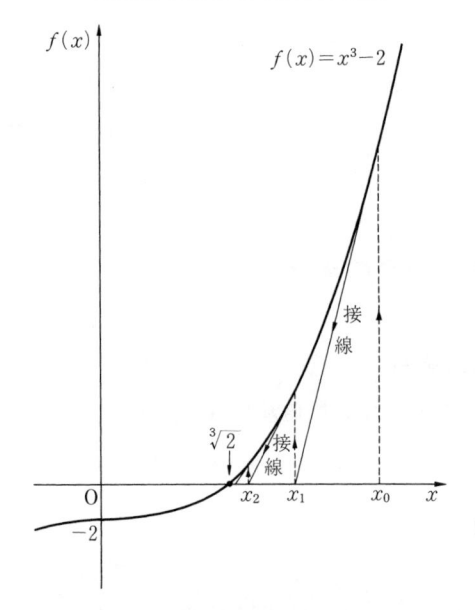

図 4.5 数値解析におけるニュートン法の原理

```
PROGRAM NEWTON
REAL X, X1
X=2.0
X1=1.0
DO WHILE(ABS(X-X1)>1.0E-11)
 X1=X
 X=(2.0/3.0)*(X1+1.0/(X1**2))
END DO
PRINT *, '2の3乗根=',X
END
```

図 4.6 ニュートン法の Fortran プログラム

注意しておくと，ABS( ) というのは絶対値を求める**組み込み関数**（built-in function）であり，Fortran にあらかじめ用意されている。1.0×10^{-11} という値は，Fortran では 1.0E-11 と表す。「X1**2」は X1 の 2 乗を表す。また，数式に使うかっこは ( ) という形のものだけで，これを何重に繰り返して用いてもよい。

このプログラムはごく簡単な例だが，これをまねれば，いろいろな方程式の数値解を求めることができるだろう。数値解析によって，非常に複雑な方程式の数値解を求めたり，微分方程式を解いたり，積分を行ったりすることなどが

可能だ。

4.4.2 データ構造

変数は，1つずつ名前をつけるだけでなく，**データ構造**（data structure）という考え方で高度化することができる。

代表的なデータ構造は，ベクトルや行列（matrix）などのように，データがいくつも並んで，個々の要素に添え字がついたものだ。ここではベクトルや行列などを表現するために，**配列**（array）というデータ構造を紹介しよう。

例えば，整数変数を100個使いたいとき，それを配列で表現しよう。配列名をaとする。個々のプログラム言語によって書き方が少し異なるが，下記のように宣言する。

 Fortranの場合： `INTEGER a(100)`
 Cの場合：   `int a[100];`
 Javaの場合： `int a[]=new int[100];`
 Pascalの場合： `var a: array[1..100] of integer;`

言語によって添え字の上下限に多少のちがいがあって，Fortranではa(1)〜a(100)が作られ，CやJavaではa[0]〜a[99]が作られ，Pascalでは指定できる。

配列は多次元に拡張できる。**図4.7**に，2次元の配列を用いて，行列の積を計算するPascalプログラムを示す。図で，inputは入力のあるプログラムという意味である。nは定数（constant）で，3という値をとる。この値を変えれば，他のサイズの正方行列も扱える。また，{}の中身は**コメント**（comment）といって，計算にはなにも影響を与えず，自由な場所に自分の心覚えなどを書くために使える。言語によってコメントの記号は異なる。

なお，さまざまなデータを組み合わせて，**構造体**（structure）と呼ばれるデータ構造が使用できるプログラム言語も多い。ただ，配列を用いることができれば，初心者が計算で困ることはないだろう。

```
program matrix(input);
  const n=3;
  var a, b, c: array[1..n,1..n] of integer;
    i, j, k: integer;
begin
{aとbの入力}
  for i:=1 to n do for j:=1 to n do read(a[i,j]);
  for i:=1 to n do for j:=1 to n do read(b[i,j]);
{cの計算}
  for i:=1 to n do for j:=1 to n do
  begin
    c[i,j]:=0;
    for k:=1 to n do c[i,j]=c[i,j]+a[i,k]*b[k,j]
  end
end.
```

図 4.7　行列の積を計算する Pascal プログラム

4.4.3　サブルーチン

プログラムの最も興味深いしかけは，**サブルーチン**（subroutine）である。非常に役に立つし，大発明でもある。

プログラムのさまざまな場所で，ある計算を何度も行うとする。例えば，行列の積をあちこちで，異なる行列に対して何度も行わねばならないなどである。同じ計算をする部分が，プログラム中に何度もあったとしたら，その場所ごとに同じプログラムを繰り返して書くべきだろうか。それでは手間がかかりすぎる。そういうときに役立つのが，一般にサブルーチンと呼ばれている技法だ。高級言語の中には，サブルーチンという言葉を用いるものもあれば，**手続き**（procedure）や**関数**（function）や**メソッド**（method）などの言葉を使っているものもある。概念は同じである。

図 4.8 はサブルーチンの概念を描いたもので，主プログラム側のいくつかの場所でサブルーチン MATRIX(　) を呼び出す。これを**コール**（call）するという。呼び出されたサブルーチン側で計算が終了すると，**リターン**（return）する。呼び出すときに，主プログラムの何行目から呼び出したかという情報をサブルーチン側に渡す仕組みにしておけば，このようなリターンの機構を容易に実現できる。

4.4 プログラミングのテクニック   **75**

```
主プログラム
            ⎫
            ⎬
            ⎭                    サブルーチン
  Call MATRIX (A, B, C)     ┌─────────────────────┐
            ⎫               │ Sub MATRIX (X, Y, Z)│
            ⎬               │                     │
            ⎭               │ Z = X * Y           │
                            │                     │
            ⎫               │ Return              │
            ⎬               └─────────────────────┘
            ⎭
  Call MATRIX (D, E, F)      (呼ばれたところにリターンする)
            ⎫
            ⎬
            ⎭
```

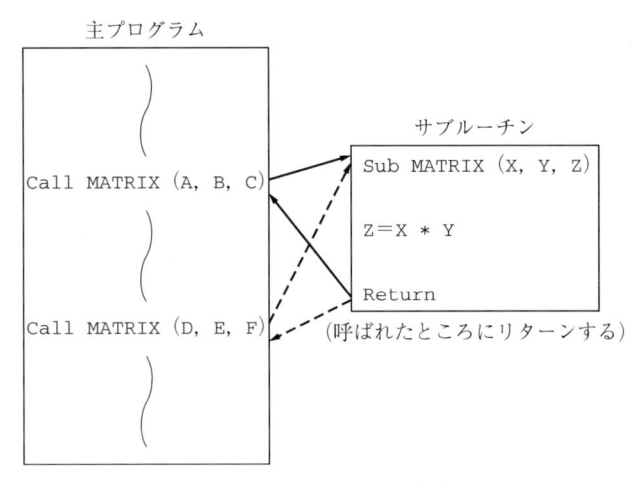

図 4.8　サブルーチンの概念

　サブルーチンには，**仮引数**（かりひきすう）（dummy argument）と**実引数**（じつひきすう）（actual argument）があって，この例でサブルーチン側で用いている X, Y, Z が仮引数で，それを呼び出した主プログラム側で用いているのが実引数である。

　なお，関数と呼ぶのは，原則的にはそれ自体が値を返すサブルーチンであって，X = ABS (A−B) などのように代入に使える場合である。しかし，値を返さない場合にも関数と呼んで，void（無の意）などとつける言語もある。

　また，図 4.9 には，**再帰的**（recursive）と呼ばれるサブルーチンの例を示しておく。再帰的とは，自分自身を呼び出すサブルーチンのことである（複数のサブルーチンどうしが相互に呼び合う場合でもよい）。この Java プログラムは，階乗の計算を行うが，f というメソッドの中で再度 f が呼び出されていて，図 4.4（b）のプログラムとは異なる。どのように計算が進むかわかるだろうか。

　再帰的プログラミングは，プログラム言語によっては，その使用を許さないものもある。ただ，プログラムを非常に簡潔に書ける場合がある。例えば，階層的なフォルダ内にある全ファイルを処理する場合など，再帰呼び出しがきわめて便利である。

```
public class Factorial
{
 public static void main(String args[])
 {
  int n=10;
  System.out.println(n+"の階乗は"+f(n)+"です");
 }

 static int f(int n)
 {
  if(n==0)return 1;
  else return n*f(n-1);
 }
}
```

図 4.9 階乗を計算する再帰的な Java プログラム

4.5 新しいプログラム言語

4.5.1 オブジェクト指向言語

近年はさまざまな新しいプログラム言語が作られ，数年ほどで普及することが多くなっている。**ソフトウェア開発キット**（software development kit, **SDK**）が市販されたり，インターネットなどで無料配布される。

近年の言語では，**オブジェクト指向**（object-oriented）という考え方がよく採用されるようになった。オブジェクトとはモノのことであって，「モノ中心」といった意味合いである。対象物自体に重点をおくプログラミングの方法論である。オブジェクト指向言語には特殊な用語が多いため，使い始めはなじみにくい印象を与える。また，プログラムを記述する際に，やや文字数が多くなる。ただ，慣れれば本格的で大きなプログラムを作るのに便利である。

オブジェクトとは，データと，そのデータを操作するためのサブルーチン群をひとまとめにしたものである（オブジェクト指向では，サブルーチンをメソッドと呼ぶことが多い）。このようにひとまとめにしたものを**クラス**（class）と呼ぶ。そして，データに対しては，そのクラス内で定義したメソッドでしか操作を許さない。これを**カプセル化**（encapsulation）という。

例えば，コンピュータ画面では，文字を入力するための四角い箱がしばしば表示されるが，そのような領域を TextBox というクラスとして定義したりする。定義のごく一部を図 4.10（a）に示そう（箱の位置と大きさなどグラフィック表示部の定義は省略している）。このようなクラスは，その**インスタンス**（instance）と呼ばれる実例を新たに生成することによって使用する。例えば図 4.10（b）では，TextBox の新たなインスタンス textBox1 を生成して，そこに文字を表示している。クラスとは鋳型のようなものであって，プログラム中でそのインスタンスをいくつでも作り出せる。

```
class TextBox
{
 public string Text;
 public void Clear()
 {
  this.Text="";
 }
}
```

```
TextBox textBox1=new TextBox();
textBox1.Clear();
textBox1.Text="こんにちは";
```

（a）クラスの定義の例　　　（b）生成したインスタンスの使用例

図 4.10　オブジェクト指向プログラミング

オブジェクトには，クラス内で定義されたメソッドや属性（attribute，データのこと）だけを使用できるため，不正なプログラミングを防止しやすい。また，変数やメソッドの一部を，public でなく private として宣言しておくと，それらを外部から使用するのを防げ，バグを減らしやすい。

いったん作成したクラスを，別のプログラムに流用して再利用したり，多人数で分担開発するなど，ソフトウェアの生産性を高めるためにも，オブジェクト指向は有利である。もともとあるクラスから，より詳細化したクラスを新たに定義するための**継承**（inheritance）という機能なども提供されている。

オブジェクト指向の概念は，1967 年にシミュレーション言語の **Simula67** で生まれたとされる。**シミュレーション**（simulation）とは模擬実験という意味である。モノ自体を扱うために工夫された言語である。現在は，C をオブジェクト指向に拡張した **C++**（シープラスプラス）や **C#**（シーシャープ），**Java**

など多くの言語で実用されている。

4.5.2 イベント駆動とビジュアルプログラミング

かつてのコンピュータはマウスがなく，キーボードだけで操作した。真っ暗な画面に，コマンド入力をうながす記号（プロンプトという）が，1カ所だけに出ている**コマンドラインシステム**（command line system）だった。

しかし，現在のコンピュータは，**マルチウィンドウシステム**（multiwindow system）となり，表現力が非常に豊かになった。画面に表示された**アイコン**（icon）や**メニュー**（menu）などをマウスで操作する。それとともに，プログラミングも高度になった。入力すべき場所が複数あったり，ボタンがたくさんある場合，利用者がどこに入力するか，どこのボタンを押すかを，複数の場所で見張っていなければならない。1カ所に入力するだけだった過去のコンピュータとは異なるのだ。

このような場合のプログラミングのために，**イベント駆動**（event driven）という考え方が広く用いられる。どこに入力したかをコンピュータが見張っていて，入力した場所をイベントによってプログラムに知らせてくれるのだ。

そのようなプログラミングを容易に行うために，**統合開発環境**（integrated development environment，**IDE**）というソフトウェアを提供している言語が多い。IDE で**ビジュアルプログラミング**（visual programming）機能を提供して，テキストボックスなどのソフトウェア部品をただ図形として配置すれば，画面を設計できるものもある。オブジェクト指向と非常に相性がよい。

図 4.11（a）では，画面にテキストボックスとボタンと Web ブラウザを配置した。そして，ごく簡単なクリック操作で，図 4.11（b）に示すメソッドの枠組みが自動的に作られる。画面上のボタンをクリックしたというイベントが発生した際，それを処理するためのメソッドだ。

プログラミングは，このメソッド内に，図のように 1 行書き加えるだけだ。高機能な Web ブラウザが部品として提供されていて，それを利用するだけでよい。これでごく基本的な Web ブラウザが完成で，図 4.11（c）のように任

4.5 新しいプログラム言語

(a) 画面のデザイン

```
private void button1_Click(object sender, System.EventArgs e)
{
  //以下のプログラムを書き加える
  webBrowser1.Navigate(textBox1.Text);
}
```

(b) イベント駆動プログラミング

(c) 使 用 例

図 4.11 イベント駆動プログラミングの例

意のWebページを表示できる。驚くほど簡単だ。この例ではC#という言語を用いた。

4.5.3 スクリプト言語とCGI

Webが広く普及するとともに，Webページの表現力を増すための仕組みがいろいろ使われるようになった。そのひとつが**スクリプト言語**（script language）であって，一種の簡易プログラム言語である。Visual Basicをもとにした**VBScript**，Javaをもとにした**JavaScript**，独自に定義された**Perl**，**PHP**（personal home pageが語源）などがある。

スクリプト言語は，それのみでも使用できるが，HTML文書の中に混在して記述されることが多い。一般にインタプリタを用いて実行される。

図4.12は，HTML文書中にJavaScriptで記述したプログラムを埋め込んだ例である[†]。通常のWebブラウザは，そのインタプリタ機能をもっているので実行できる。この例はブラウザに刻々と変化する時刻を表示する。

```
<html>
<head><title>JavaScriptの例</title></head>
<body onload="myTime()">
<script language="JavaScript">
<!-- Javascript非対応のWebブラウザを考慮してコメントにしておく
function myTime(){
d=new Date();  //日付と時刻を得るオブジェクト
document.f1.i1.value=d.getHours()+":"+d.getMinutes()+":"
                    +d.getSeconds();
setTimeout("myTime()",1000);  //繰り返し間隔は1000ミリ秒
}
//-->
</script>
<form name="f1"><input name="i1" size="8"></form>
</body>
</html>
```

図4.12　JavaScriptを用いたWebページの記述例

[†] JavaScriptはJavaとは異なる。一方，Java自体で書いたプログラムをHTMLから呼び出して実行する**Javaアプレット**（Java applet）という方法もある。

また，Web サーバ側で動的に HTML 文書を生成する仕組みを，**CGI** (common gateway interface) という。サーバで動くどんなプログラム言語を用いてもよいが，Perl や PHP など，HTML 文書の生成に適したスクリプト言語が広く用いられる。内容がどんどん変化する電子掲示板などの表示に利用される。

その他，Web コンテンツの作成には，簡易なアニメーションの生成に用いられる Flash など，さまざまな工夫が取り入れられている。

演 習 問 題

4.1　10 個のデータの最小値を求めるプログラムを書いてみよ。

4.2　10 個のデータのうち，2 番目に小さな値を求めるプログラムを書いてみよ（最小値と 2 番目に小さな値とが等しいこともあるので注意）。

4.3　数値解析では，**桁落ち**という現象に注意しなければならない。ほぼ大きさが同じ数が 2 つあるとき，どんな演算をすれば桁落ちが起こるだろうか。

4.4　ニュートン法で方程式の数値解を求めるとき，初期値の選び方が意外に難しいことがある（通常は解にかなり近い初期値を選ぶ）。
$$x^4 - 1 = 0$$
という方程式の 4 つの解に対して，複素平面上の各初期値がどの解に収束するかを考察してみよ（きちんとした数式で領域分けできない難問である。コンピュータを使って図示する実験をしてみるとよい）。

4.5　オブジェクト指向プログラム言語について調べてみよ。

4.6　もし再帰的なプログラム言語を使えるなら，任意の階層的なフォルダ内にあるファイルの総数を数えるプログラムを作ってみよ。

5 アルゴリズムを工夫する

この章では，アルゴリズムという概念を説明する。プログラムの作りにくさの根源には，よいアルゴリズムすなわち計算法を見つけるのがたいへんだという問題がある。一見よく似たアルゴリズムなのに，計算時間がまったく異なることがある。

5.1 アルゴリズムという概念

5.1.1 アルゴリズムとはなにか

与えられた問題をコンピュータで解くためには，その手順を厳密に記述し，どんな場合にも正しく問題を解けることを保証しなければならない。コンピュータは融通がきかない。あらかじめプログラムに書いたとおりにしか動作しないことをよく理解しておくべきである。

問題を正しく解く手順のことを，**アルゴリズム**（algorithm）という。算法という言葉も用いることもある。プログラムを作る前に，どんなアルゴリズムを採用するかをよく考えなければならない。厳密にいうと，アルゴリズムとは，必ず終了する手順でなければならない。例えば，方程式の解を求める際，実数解のときには解を求めて停止するが，複素数解のときには止まらないのでは，アルゴリズムとは呼ばない[†]。

アルゴリズムの表現法としては，もちろんプログラム言語でアルゴリズムを記述してもよい。プログラムがアルゴリズムの表現だということになる。ま

[†] 有限時間で停止することが保証されない場合，コンピュータ数学分野では，**手続き**（procedure）と呼ぶことがある。

た，1.2.3項で出てきたフローチャートという表現法でもよい。ただ，フローチャートというのは，それほど便利な記述法ではない。例えば，繰り返し文を表現するとき，フローチャートを用いたのではうんざりするだろう。

アルゴリズムの表現法としては，文章で書きくだす方法もある。また，図を併用してもよい。プログラムを書く前の段階で，計算の手順を厳密に考察して，きちんとプログラムを書けるように，準備をしておくということだ。

5.1.2 アルゴリズムの設計で考慮すべきこと

アルゴリズムの設計（design）で考慮しなければならないのは，まず，そのアルゴリズムが正しく動くことだ。

例えば，プログラム内で変数 a と b の値を入れ替えるだけでも，別の変数 c を用意する必要があった（4.3.2項参照）。コンピュータプログラミングでは，そういう細かい考慮が必要である。通常の数学ではなんでもない操作なのに，プログラムにおいてはバグが発生しやすいことがある。

また，プログラミングを行う際に，「すべての例外的な場合を考慮せよ」というのは，非常にだいじな考え方である。コンピュータはまったく融通がきかない。あらかじめプログラムに書いたとおりにしか動いてくれないからだ。例えば，0で割るとオーバーフローのエラーが発生するので，プログラム中ではかならず事前に判定すべきである。

それとともに，アルゴリズムの設計で非常にだいじなのが，計算時間や記憶量の見積もりである。よいアルゴリズムは，計算時間が短くて，しかもメモリなどの資源をあまり大量に消費しないものだ。

ごく単純な例だが，例えば，乗算を使って，x という値の16乗を計算したいとしよう。例題だから，プログラム言語に累乗の機能があっても，使わないものとする。x という値に x を15回掛ければ，x^{16} が求まることは明らかだ。しかし，もう少し能率的な方法がある。$x^2 \to x^4 \to x^8 \to x^{16}$ という順に求めるのだ。x^2 の値を計算するには，x と x を掛け合わせて，乗算を1回行う。x^4 の値を計算するには，いま求めた x^2 を2つ掛け合わせればよい。こういう

やり方をすれば，乗算をたった 4 回行うだけで，x^{16} を計算できる．

このようにアルゴリズムを工夫して，優れたプログラムを作ることが，コンピュータ科学における重要なテーマのひとつである．行きあたりばったりにプログラムを書くのではなく，工夫することがだいじなのである．

5.1.3 数式を工夫する例

アルゴリズムの工夫には，パズルのような楽しさがある．例えば，西暦として用いられているグレゴリオ暦（Gregorian calendar）で，年月日から曜日を求める問題はどうだろう．地球の公転周期は 365.242 2 日ほどだが，グレゴリオ暦では 365.242 5 日で近似している．4 年に 1 度のうるう年を入れても 365.25 日であるので，さらに詳しい近似にするために，100 で割り切れる年のうち，400 では割り切れない年は，うるう年にしないという補正を行う．

y 年 m 月 d 日が，w 曜日であると計算するツェラー（Reverend Zeller）の公式は，1 月と 2 月を前年の 13 月と 14 月とみなして，

$$w = \left(y + \frac{y}{4} - \frac{y}{100} + \frac{y}{400} + \frac{13m + 8}{5} + d \right) \bmod 7$$

この式で，割り算は小数点以下を切り捨てた整数値であり，また mod は割り算の余りを与える．m から計算する部分は試行錯誤で作られた．計算結果 $w = 0 \sim 6$ がそれぞれ日 $\sim$ 土曜に対応する．なかなか興味深い．

また，パズル的な別の問題も考えよう．2 次元空間を表現するには，通常は変数が 2 つ必要だと考えるはずである．しかし，デジタルの場合は，たった 1 つの変数で 2 次元空間を順にたどっていくことができる．

表 5.1 に示すのはその例である．x と y から，z の値を下のように決める．すると，図に示す順序で，2 次元上を順にたどっていくことができる．

$$z = \frac{(x + y - 1)(x + y - 2)}{2} + y$$

逆に，z から x と y を求めることも可能だ．例えば，$y = 1$ での z の値は，上式に $y = 1$ を代入して，

表 5.1　2 次元から 1 次元の並びへの変換

y x	1	2	3	4	5	⋯
1	1	3	6	10	15	
2	2	5	9	14		
3	4	8	13			
4	7	12				
5	11					
⋮						

$$z = \frac{x(x-1)}{2} + 1$$

これを x の 2 次方程式と見て解いて，正の解のみを求めると，

$$x = \frac{1 + \sqrt{8z - 7}}{2}$$

これは $y = 1$ のときの z の値に対して，ちょうど x の値を与える．一般の z の場合には，上式の右辺の整数部分をとった値を w とすると，

$$x = -z + \frac{w(w+1)}{2} + 1, \quad y = z - \frac{w(w-1)}{2}$$

で x と y を計算できる．この式を導出できない者は，z の値を順にあてはめてみて，x と y の値が正しく求められていることを確かめるとよい．

このように，数式にうまく工夫を加えるだけで，思いがけない有用な計算結果を与えることができる．いずれも整数計算だから可能なのであり，実数計算ではこのような工夫は使えない．デジタルの世界では，数式の工夫にも独特のものがある．そのような工夫をいろいろ行ってみることが，よいプログラムを書くためにしばしば役立つ．

5.2　高速のアルゴリズムを考える

5.2.1　バブルソートのアルゴリズム

さて，アルゴリズムを考える本格的な例を示すために，次の例題を考えよ

う。**ソート**（sort）あるいは**ソーティング**（sorting）というのは，日本語では整列などの訳語が当てられている。大きさなどの順序関係が決められているときに，与えられたデータを，その順序どおりに並べ替える操作のことである。例えば，多数の数値データがあったとして，値の小さなものから順に並べ替えるというのは，ソートの一例だ。また，多数の英単語を，アルファベット順に並べるのもソートである。

バブルソート（bubble sort）という方法を紹介しよう。図5.1（a）のような8個の整数データがあったとする。これらのデータを，小さなものから順に並べ直してみよう。前から順に，2つずつデータを比較していく。もし大きな方が前にあれば，順序を入れ替える。図5.1（b）のように，この比較をどんどん繰り返していくと，最大値のデータが，いちばん後ろに来る。

```
12    8    5    9    1   15    7    2
```
（a）もとのデータ

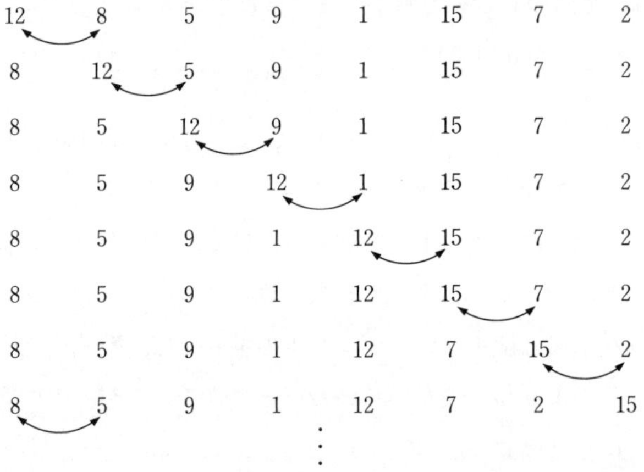

```
12    8    5    9    1   15    7    2
 8   12    5    9    1   15    7    2
 8    5   12    9    1   15    7    2
 8    5    9   12    1   15    7    2
 8    5    9    1   12   15    7    2
 8    5    9    1   12   15    7    2
 8    5    9    1   12    7   15    2
 8    5    9    1   12    7    2   15
              ⋮
```
（b）比較の過程

```
 1    2    5    7    8    9   12   15
```
（c）ソートが完成したデータ

図5.1　バブルソートの例

この方法は，値が最も大きなデータが，まるで泡がポコポコと上がっていくように移動するので，バブルソートと呼ぶわけだ。最大のデータがいちばん後ろに来たところで，また最初から同じ操作をやり直す。8番目のデータは最大だとわかっているので，今度は7番目のデータまで比較するだけでよい。最大のデータに次いで大きなデータが，後ろから2番目に上がっていく。

バブルソートのやり方はもうわかっただろう。あとはこの繰り返しである。また頭から，残っているデータのうち最大のものを，6番目の位置までもっていく。そしてその次のデータを，5番目の位置までもっていく。これを繰り返す。

そして，2番目に小さなデータが，前から2番目の位置に来たところで，アルゴリズムは終了する。いちばん前に残ったデータが，最小値であることは明らかだ。その結果は，図5.1（c）のようになる。

いかにもコンピュータ的なソーティングの方法である。配列を定義して，その中にデータを入れておけば，それ以外にほんの少しの変数を使うだけで，このアルゴリズムをプログラムとして実現できるだろう。

5.2.2 マージソートのアルゴリズム

ほとんどの人は，このアルゴリズムにはまったく無駄がなくて，コンピュータで実行させたら十分高速に動くと感じることだろう。なかなかよいアルゴリズムだと判断するわけである。

しかし，じつはもっと優れたアルゴリズムを作ることができる。例えば，1000個のデータをソートするとき，バブルソートよりも，50倍ぐらいは速いだろうというアルゴリズムを作れる。しかも，データの個数が多ければ多いほど，バブルソートとの性能の差が開いてくるようなアルゴリズムである。

そのようなアルゴリズムにはさまざまなものがあるが，ここでは**マージソート**（merge sort）を紹介しよう。日本語では**併合ソート**とも呼んでいる。このアルゴリズムは，磁気テープなどの媒体に入っているデータをソートするのに適していて，昔からよく使われてきた。

```
 12   8     5   9     1   15    7   2
  └─┬─┘     └─┬─┘     └─┬─┘    └─┬─┘
    ↓         ↓         ↓        ↓
  8   12    5   9     1   15    2   7
    └────┬────┘         └────┬────┘
         ↓                   ↓
  5   8   9   12    1   2   7   15
         └──────────┬──────────┘
                    ↓
  1   2   5   7   8   9   12   15
```

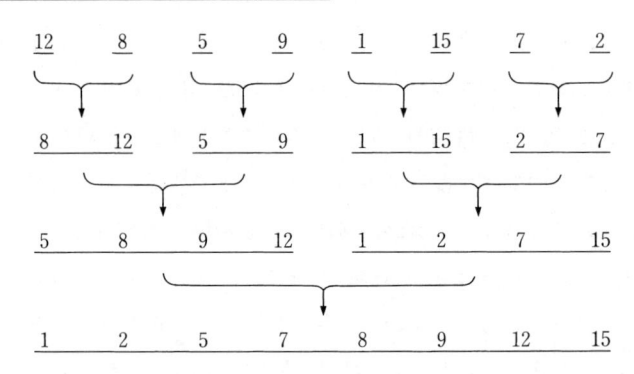

図 5.2　マージソートの実行過程

さて，先ほどと同じデータで，マージソートを行ってみよう。図 5.2 にマージソートの実行過程を示す。

マージソートでは，最初はすべてのデータはばらばらである。それを 2 つずつのデータの組に区切って，それぞれの組の中だけについて，大小を比較する。そして，その 2 つのデータの中だけでソートを行う。このようにすると，図の 2 行目のように，部分的にソートされた 4 つの組ができあがる。2 つずつのデータからなる各組において，その組の中でソートがすでに完成している。

このような組を，またも 2 つの組ごとにまとめる。次は 2 組分である 4 個のデータについてソートを行おうというのだ。図で，例えば 8 と 12 というデータの組は，この組の内部ではソートがすんでいる。また 5 と 9 という組についてもそうだ。

では，この 2 つの組をマージすなわち併合する。その方法というのはこうだ。各組からそれぞれの最小のデータを取ってきて，それらを比較し合う。この例では，前の組の最小値は先頭の 8，後の組の最小値は先頭の 5 であり，先頭どうしを比較する。その結果，5 の方が小さいとわかる。

5 を取り除いて，別の場所の先頭に蓄える。残ったデータを対象にして，各組の先頭にある最小のデータを出し合い，それらを比較する。前の組からは 8，後の組からは 9 であり，8 の方が小さいとわかる。

そこで 8 を取り除き，それを別の場所にある 5 の次に入れる。残ったデータ

は，前の組が12，後の組が9だ。この2つを比較すると，9の方が小さいから，別の場所にある8の後に入れる。その結果，12だけが残り，もう比較対象はないので，この12を，別の場所にある9の次に入れる。

このようにすると，4個のデータのソートが完成する。後半の4個についても，同じようにしてソートを完成させる。

さて次は，ソートが完成した4個ずつのデータを，2組合わせて，同様の比較を行う。各組の先頭のデータを比較し合い，小さな方を取り除いて，別の場所の先頭に格納する。残ったデータの先頭どうしを比較し合い，また小さな方を取り除いて，別の場所に移す。

このようにしていくと，8つのデータのソーティングが完成するはずだ。結果は図5.2の4行目のようになる。

5.2.3 マージソートの高速性

マージソートにおいて，最終段で4つずつのデータを比較するとき，その比較回数は何回になるだろうか。データの個数8より1つ少なくて，7回の比較を行っていることになるはずである。

最終段から1つ前では，2つずつのデータの組を比較するのに，3回の比較を行い，それが2組あるから，計6回の比較を行ったことになる。その前の段では，計4回の比較を行ったはずだ。いずれにしても，最終段の比較が最も多くて，もしデータの総数がnだったとしたら，$(n-1)$回の比較を行ったわけだ。

さて，マージソートでは，データの総数nが2の累乗のとき，このようなアルゴリズムを何行の図で図示できるだろうか。いまの例では，$n=2^3$の場合であり，最初に与えられたデータの行に，3行を付け加えるだけですんでいる。

一般に，$n=2^m$のとき，マージソートでは，m行を付け加えればすむだろう。すなわち，$\log_2 n$段の操作で，このアルゴリズムは終了するのである。

各段での比較回数は，$n-1$以下のはずだ。ごくおおざっぱな計算では，全体での比較回数の合計は，$n \log_2 n$回よりも少ないということになる。

n が2の累乗でないときのことも考えないといけないが，概略の計算なので，それは省略しておく．$n \log_2 n$ 回程度という総比較回数を想定しておけば，まず大丈夫であるということだ[†]．

一方，バブルソートの総比較回数は，どのぐらいになるのだろうか．アルゴリズムを思い返してもらうと，バブルソートでは，第1段の比較回数は $(n-1)$ 回だ．第2段は $(n-2)$ 回のはず．第3段では $(n-3)$ 回というようになっていく．そして最終段では1回だ．

結局，バブルソートでは，

$$(n-1) + (n-2) + \cdots + 1 = \frac{n(n-1)}{2}$$

という回数の比較を行うことになる．

マージソートとバブルソートで，n の値をいろいろに変えて，総比較回数を比べてみよう．これらの回数にはどれほどの開きがあるだろうか．データを**表5.2**に示す．

表5.2 マージソートとバブルソートの比較回数

データ数	マージソートの概略比較回数	バブルソートの概略比較回数	概略性能比
$2^4 = 16$	64	120	約2倍
$2^8 = 256$	2 048	32 640	約16倍
$2^{12} = 4\ 096$	49 152	8.4×10^6	約170倍
$2^{16} = 65\ 536$	1×10^6	2.1×10^9	約2 100倍
$2^{20} = 1\ 048\ 576$	2×10^7	5×10^{11}	約25 000倍

ほとんどの人は驚くだろうが，データ数が100万個にもなると，総比較回数は約25 000倍もちがってくるのである．もしも1回の比較が100ナノ秒でできるというコンピュータの場合，マージソートでは2秒程度ですべての比較が終了する．しかしバブルソートでは，50 000秒程度すなわち，13時間以上かかることになる．バブルソートの場合，記憶領域としては，対象となるデータを入れた配列が1つあれば，それ以外はごく少量でよい．マージソートの場合，そのような配列を2つ用意しておいて，交互に入れ替えて用いながら，ソ

[†] n が2の累乗のとき，$n(\log_2 n - 1) + 1$ が正確な比較回数である．

ートを完成する操作が必要になる。所要メモリに2倍程度のちがいはあるものの，計算速度は桁ちがいである。

なお，マージソートでは，データ数が2の累乗個でない場合，余分なデータを付け加えて，全体のデータ数をむりやり2の累乗個にしておく。例えば，ソートの対象となるデータより十分に値の大きなデータを付け加える。そのようにしても，バブルソートより十分高速にソートできる。

一般に，大量データの場合には，アルゴリズムの性能差がドラマチックな結果を生むことがある。だから，コンピュータ科学では，よいアルゴリズムの設計をなによりも重視しているわけである。

5.3 計算量とさまざまなアルゴリズム

5.3.1 計算量のオーダ

バブルソートの場合，比較回数の計算式に n^2 の項を含むために，n が大きいとき，マージソートよりも格段に遅くなる。一方，マージソートでは，$n \log_2 n$ 回程度の比較である。

このように，計算時間に最大の影響を与える次数の項を指して，計算時間の**オーダ**（order）と呼ぶ。このような**計算量**あるいは**計算の複雑さ**（computational complexity）に対して注意を払うことが，よいアルゴリズムを設計するために重要である。記憶領域の必要量に関しても，同じようにオーダという言葉を用いる。

一般に，n のオーダや，$n \log n$ のオーダ程度のアルゴリズムは，n が非常に大きなときにも実用的である。一方，n^2 以上のオーダのアルゴリズムは，データ量に対する配慮を欠くと，実用に耐えないものとなってしまう。例えば，1 000×1 000画素からなる動画を，1/30秒以内に処理しなければならないとしよう。もし n^2 のオーダの計算時間を要するアルゴリズムを使うなら，1秒当たり $3×10^{13}$ 回程度以上の演算能力をもつコンピュータが必要になってしまう。現状のパソコンでは不可能である。

一般に大きな画像を対象とする場合，オーダ n やオーダ $n \log n$ 程度以下のアルゴリズムであることが多い．医療分野でよく用いられる**コンピュータトモグラフィ**（computed tomography，**CT**）という断層撮影技術でも，オーダ n から $n \log n$ 程度の計算回数だ．

5.3.2 高速フーリエ変換

高速フーリエ変換（fast Fourier transform，**FFT**）というアルゴリズムがある．時間領域の信号波形を，周波数領域のデータに変換する．音声データや音楽データの音質を加工するなど，いろいろな用途に使える．

このアルゴリズムはやや程度の高い内容であって，高校の数学を超えるが，次の不思議で美しい複素数の関係を用いると，公式をきれいに書ける．

$$e^{ix} = \cos x + i \sin x \quad (i は虚数単位)$$

この式を使うと，時間 t の関数 $f(x)$ を，角周波数 ω のフーリエ変換 $F(\omega)$ に変換する公式は，次のようになる（角周波数とは周波数に 2π を掛けたもの）．

$$F(\omega) = \int_{-\infty}^{\infty} f(t) e^{-i\omega t} dt$$

コンピュータで積分のデジタル計算をする場合，積分は全体を細かい時間幅に刻んで，長方形の面積の総和で近似する．また総和の上下限は有限の範囲に限定する．計算の詳細は理解しなくてよいが，デジタル近似した**離散フーリエ変換**（discrete Fourier transform，**DFT**）の公式は，j と k という添え字を用いて下のようになる．

$$F_k = \sum_{j=0}^{n-1} f_j W_n^{jk} \quad k = 0, \cdots, n-1, \quad W_n = e^{-i\frac{2\pi}{n}} \quad (4.1)$$

なお，この W_n を回転子ともいい，W_n^{jk} の値はすべて定数であるので，あらかじめ用意してあるものとする．また，F_k と f_j は一般に複素数である．高速フーリエ変換で扱うのはこの数式であって，もとの積分公式は忘れてよい．

この数式では，複素数の定数との乗算が，合計 n^2 回必要なことがわかればよい．すなわち普通に計算すると，計算量 n^2 のオーダのアルゴリズムになる

5.3 計算量とさまざまなアルゴリズム

ということである。しかし，計算法をうまく工夫して，乗算回数を $n \log n$ のオーダに減らしたものが，高速フーリエ変換のアルゴリズムである。

$$W_n^{\frac{n}{2}} = e^{-i\pi} = \cos \pi + i \sin \pi = -1$$

という関係を利用する（$e^{-i\pi} = -1$ というのは，高等数学で有名な公式だ）。

n が2のべき乗であるとしておくのが，標準的なアルゴリズムである。ここでは簡単のため，$n=8$ の場合のみを考えよう。$W_8^4 = -1$ を利用する。また，式 (4.1) の右辺を $\mathrm{DFT}_n(j, k)$ と書くことにしておこう。

F_k の式を，偶数番目の項と奇数番目の項に分けると，$W_8^2 = e^{-i\frac{2\pi}{4}} = W_4$ という関係を使って，つぎのように変形できる。

$$\begin{aligned}
F_k &= f_0 W_8^0 + f_1 W_8^k + f_2 W_8^{2k} + f_3 W_8^{3k} + f_4 W_8^{4k} + f_5 W_8^{5k} + f_6 W_8^{6k} + f_7 W_8^{7k} \\
&= (f_0 W_8^0 + f_2 W_8^{2k} + f_4 W_8^{4k} + f_6 W_8^{6k}) \\
&\quad + (f_1 W_8^k + f_3 W_8^{3k} + f_5 W_8^{5k} + f_7 W_8^{7k}) \\
&= (f_0 W_4^0 + f_2 W_4^k + f_4 W_4^{2k} + f_6 W_4^{3k}) \\
&\quad + W_8^k (f_1 W_4^0 + f_3 W_4^k + f_5 W_4^{2k} + f_7 W_4^{3k}) \\
&= \mathrm{DFT}_4(2j, k) + W_8^k \mathrm{DFT}_4(2j+1, k)
\end{aligned}$$

わかりにくいかもしれないが，この式は，$n=4$ のときのDFTを2回行うことを意味していて，f_j を偶数番目のものと奇数番目に分けて計算するということである。それ以外には，W_8^k という定数を掛けるだけでよい。

図に描くと，図5.3（a）のようになる。半分のサイズの離散フーリエ変換がすでにすんでいるなら，それらから適当な値を選んで計算するだけなので，W_8^k という定数の乗算は各 F_k について1回だけであり，合計8回である。図では，乗算が必要な部分を太線で示した（W_8^k の値は1と−1の場合などもあり，実際の乗算はもっと少ない）。

このように2つのDFT$_4$に分解できると，さらにそれらのDFT$_4$をより小さいDFT$_2$に分解できると考えられる。このようにどんどん繰り返すのが，高速フーリエ変換の考え方である。最終段は $n=2$ のDFT$_2$であり，次の式にすぎない。

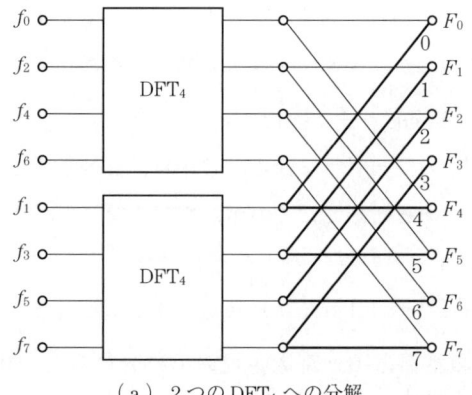

(a) 2つの DFT_4 への分解

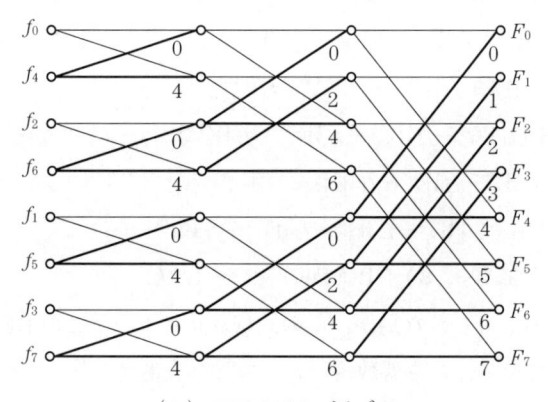

(b) FFTのアルゴリズム

図5.3 8点の高速フーリエ変換

$$\begin{cases} F_0 = f_0 + f_1 \\ F_1 = f_0 - f_1 \end{cases}$$

これを図示したのが，図5.3（b）である。段数は $\log_2 n$ 段だ。複素数の乗算を伴う部分を太線で示し，W_8 のべき乗の数値を各太線に付した。各段で乗算を n 回ずつ用いるので，$n \log n$ のオーダの乗算回数となる[†]。256点や1024点程度のフーリエ変換をしばしば用いるが，n^2 回の乗算回数に比べて非

[†] $W_n^k = -W_n^{\frac{k+n}{2}}$ の関係を用いると，実際の乗算はその半分でよく，またその中には ± 1，$\pm i$ を乗じるだけのものがある。

常な高速化となる。なお，フーリエ変換の逆変換も同様の高速アルゴリズムで実現できる。

このように，与えられた計算問題をより小さな問題に分解して，それらの結果の組み合わせで全体を計算する手法を，**分割統治法**（divide-and-conquer method）ということがある。マージソートでも使った手法だ。分割統治法を採用することによって，しばしば大幅な高速化が達成される。再帰的プログラムで書くと，うまいプログラムとなることがある。

5.3.3 動的計画法

別の重要なアルゴリズムとして，**動的計画法**（dynamic programming，**DP**）がある。計算回数が多いので，手計算で行う機会はめったにないが，記憶にとどめておいてよいアルゴリズムである。動的計画法の応用分野は非常に幅広い。資源配分問題など数理計画法の多くの問題に適用できる。また，異なる話者の音声どうしをうまく重ね合わせるなど，ゴムを伸び縮みさせるような重ね合わせには，動的計画法が適している。

ごく基本的な問題を考えよう。資源最適配分問題の一例である。非負整数値 $x_1 \sim x_4$ の総和が 8 だとする。ここで，

$$E = \sum_{i=1}^{4} f_i(x_i)$$

を最小にしたいのだが，$f_1(x_1) = x_1^2$，$f_2(x_2) = 2x_2^2$，$f_3(x_3) = 3x_3^2$，$f_4(x_4) = 4x_4^2$ という関係式が与えられているとする。例えば，1日8時間を $x_1 \sim x_4$ 時間（それぞれ整数）に4分割したとき，疲労度の総和が E であって，疲労度を最小にする時間配分法を求めたいなどだ。

普通に考えたのでは，総和8を変数 $x_1 \sim x_4$ に総当たりで配分し，そのたびに E を計算して，その最小値を求める方法しか思いつかないだろう。その場合，総和 m と変数の数 n に対して，$(m+n)^m$ 回のオーダの計算回数が必要になる[†]。

この最適化問題をもっとうまく解くには，x_1 から順に計算していく。まず

表5.3 動的計画法の計算例

x_1^2		$2\,x_2^2$		$3\,x_3^2$		$4\,x_4^2$	
s_{10}	0	s_{20}	0	s_{30}	0	s_{40}	0
s_{11}	1	s_{21}	1	s_{31}	1	s_{41}	1
s_{12}	4	s_{22}	3	s_{32}	3	s_{42}	3
s_{13}	9	s_{23}	6	s_{33}	6	s_{43}	6
s_{14}	16	s_{24}	11	s_{34}	9	s_{44}	9
s_{15}	25	s_{25}	17	s_{35}	14	s_{45}	13
s_{16}	36	s_{26}	24	s_{36}	20	s_{46}	18
s_{17}	49	s_{27}	33	s_{37}	27	s_{47}	24
s_{18}	64	s_{28}	43	s_{38}	36	s_{48}	31

（最終段でのこれらの計算は不要である）

　x_1 の値が 0 から 8 までのそれぞれに対して，$f_1(x_1)$ すなわち x_1^2 の値を計算する．それが**表5.3**の1列目である．

　次に，$x_1 + x_2$ の値が $0 \sim 8$ までのそれぞれに対して，$x_1^2 + 2\,x_2^2$ の値の最小値を計算する．それが図の2列目だが，1列目の値を利用しつつ，それとの組み合わせで計算する．例えば，$x_1 + x_2 = 2$ に対しては，$(x_1, x_2) = (0, 2)$，$(1, 1)$，$(2, 0)$ の3通りがある．$(0, 2)$ のときは $0^2 + 2 \cdot 2^2 = 8$，$(1, 1)$ のときは $1^2 + 2 \cdot 1^2 = 3$，$(2, 0)$ のときは $2^2 + 2 \cdot 0^2 = 4$ だから，この場合の最小値は 3 である．それが2列目の3行目の値である．1列目のどの値を選んだかを，矢印で示している．

　このような計算を最終段まで行っていくのが，動的計画法である．前段までの最小値はすべて計算しているので，それと組み合わせるだけでよい．最終段で，総和8の場合の最小値を求めて後，この表を逆行して最適配分を求めたのが，四角で囲んだ部分である．このような方法を，**多段決定過程**（multistage decision process）と呼んでいる．各段で，直前までに求めた部分解を修正せずに用いてよいことを，**最適性の原理**（principle of optimality）という．これも分割統治法の一種だとみなせる．

　動的計画法の場合，段数が m 段で，各段を n 行の表にしなければならない

---

† m 変数に n 個のものを割り振る重複組み合わせなので，${}_{m+n-1}C_m$ になる．そのオーダとして示した．あるいは ${}_{m+n-1}C_m = {}_{m+n-1}C_{n-1}$ でもあるので，$(m+n)^n$ のオーダといってもよい．m や n が大きいときには計算量が非常に多くなる．

とき，mn^2 回のオーダの計算が必要である．もし m と n が比例するなら，n^3 のオーダの計算となる．計算量がかなり多いが，これ以下の計算量では正しい解を得られない問題も数多くある．

5.4 アルゴリズムとコンピュータの限界

5.4.1 コンピュータの性能とアルゴリズム

前節ではかなり高度なアルゴリズムを紹介したが，アルゴリズムを設計する際の現実的な考え方を述べよう．

コンピュータの性能は，ほぼ 10 年で 100 倍程度のペースで進歩してきた．20 年前に生まれた赤ん坊が，成人するときには，1 万倍もの能力をもっているようなものである．

コンピュータの性能が向上すれば，1 日がかりや 1 カ月がかりだった計算も，そのうち一瞬でできるようになる．だったら，アルゴリズムで何万倍も速度の向上を図っても，そのうち意味がなくなるのではないかという考え方もあるだろう．実際，コンピュータの基礎研究者は，現在のコンピュータでは計算量が多すぎるアルゴリズムでも，あえて研究テーマとすることがある．10 年もすれば，計算が 100 倍速くなるから，やがて実用化できるだろうと考えるからだ．その方が斬新で進歩的な研究を行えるという利点がある．

コンピュータの歴史が教えるところでは，コンピュータの性能が向上すれば，もはや計算する問題がなくなってしまうというのではない．ますますコンピュータで計算したい問題が増えていった．計算量の多いアルゴリズムへの需要には非常に根強いものがある．推測では，世界中のコンピュータが計算する量は，長い期間にわたって，年率で 1.7～2 倍以上のペースで増え続けてきたとみなせる．10 年で 100 倍の性能向上は，年率 58.5％程度である．そのうえにコンピュータの台数増もあるから，さらに大きなペースで伸びている．

もし年率 2 倍のペースがずっと続いたとしたら，等比級数の計算法でわかるとおり，今年 1 年間で計算する量は，昨年まで（太古の昔から昨年の暮れま

で）の人類全体の全計算量を超えることになる。もしまったく台数増がなかったとしても，1年半程度で過去の全計算量を超えてしまうだろう。1年や1年半で過去の歴史を書き替えてきたのが，ここ数十年のコンピュータの世界だといったら，いささかおおげさすぎるだろうか。それほどコンピュータの進歩と普及はすさまじかったのである。

注意しておかなければならないのは，CPU の性能が向上しても，一部にはそれほど性能が向上していない部品もあることだ。例えば，磁気ディスク装置の大容量化はめざましかったが，その読み書き速度は驚くほど遅いままにとどまっていた。1回読み書きするのに，10ミリ秒以上の時間がかかる。1秒間に100億回の計算ができる CPU にとっては，これは1億倍以上の遅さだ。たとえ話でいうと，われわれが手の届く範囲の人と共同して仕事をすると，1秒単位で作業ができる。その1億倍というのは，3年以上に相当する。

5.4.2　計算量が非常に多い問題

また，計算量が非常に大きな問題もある。一般に 2^n のオーダ，すなわち指数関数のオーダの問題は，現在のコンピュータでは非常に扱いにくい問題に分類されている。例えば，囲碁という問題を考えてみよう。19路の碁盤には，$19 \times 19 = 361$ の交点がある。しらみつぶしに囲碁の局面をコンピュータで調べ，人間の名人と対戦するとしたら，どのぐらいの手間がかかるだろうか。

各交点には，碁石がなにもない場合と，白か黒どちらかの碁石が置いてある場合の3通りがある。このような交点が361点あるから，囲碁の局面の総数は，無意味なものまで含めると，3^{361} にもなる。それは 2×10^{172} 程度の数である。

一説には，宇宙の陽子と電子の総数は，2×10^{79} 個程度だという。これらの粒子がすべてコンピュータだとして，それぞれが1秒間に 10^{12} 個ずつの局面を調べることができるとしてみよう。しかしそれでも1秒間に 2×10^{91} 個の局面しか調べられない。全局面を調べるには，10^{81} 秒かかる。1年は3 000万秒程度にすぎないから，約 3×10^{73} 年である。

コンピュータが誕生してしばらく後，こういうゲームで，やがてコンピュー

タが人間の世界チャンピオンよりも強くなるだろうといわれた。しかし，現実にチェスで世界チャンピオンを破ったのは，約50年後の1997年のことだった。

しらみつぶし的な情報処理では，計算量が**組み合わせ爆発**（combinatorial explosion）をひき起こすといわれる。コンピュータの計算性能は人間をはるかに上回るが，名人級のゲームを行うコンピュータプログラムを作るのは，過去には至難の技だったわけである。また今後も計算能力の向上だけに頼るわけにはいかないものと思われる。

しらみつぶしに近い例題として，図5.4（a）のようなチェス盤を用いた，騎士の周遊（knight tour）という問題を述べておこう。チェスで使う騎士という駒は，将棋の桂馬と似た動きをする。図5.4（b）のように，前後左右に桂馬跳びが可能で，計8方向の動きをする。この騎士の駒を用いて，チェス盤の上を跳んでいく。どこかの場所から始めて，同じ場所を2度通ることなく，すべての場所を跳んでみよ，というのが騎士の問題である。

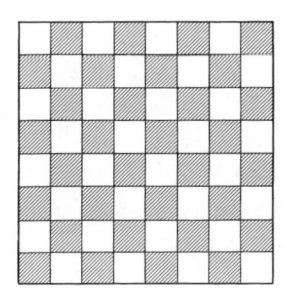

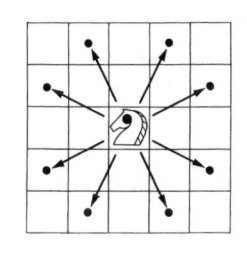

（a）チェス盤　　（b）騎士の可能な動き

図5.4　チェス盤と騎士の動き

じつは，すべての場所を跳んだのち，最初の場所に戻ってくる解がある。最初の場所に戻らない解も可能だ。いずれにしても，人間がパズルだと思って挑戦すれば，1日以内で答えを見つける人もいるだろう。ただ，コンピュータでしらみつぶしに解を見つけるプログラムを書いても，現実的な時間で計算させるには工夫が必要である。

5.4.3 NP 完 全 性

しらみつぶし的な計算で，うまいアルゴリズムを発見できていない問題が，計算数学分野に山のように存在する。コンピュータ科学の中で，最も基本的な問題のひとつだと思われているのに，だれも解決できていない問題を紹介しておこう。計算それ自体という，いかにもコンピュータ科学らしい問題において，われわれはある種の壁にぶつかっているのである。

グラフ（graph）の一筆書きという問題は有名だから，知っている人が多いだろう。図5.5（a）のグラフの場合なら，図5.5（b）のように，グラフのすべての**辺**（edge）をちょうど1度ずつ通る"道"を見つけることができる。解が存在するときと，存在しないときがあって，パズルとして有名だ。

（a）グラフ　　（b）一筆書き　　（c）ハミルトン閉路

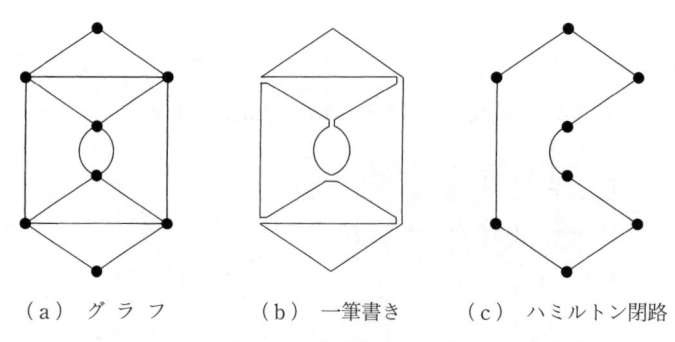

図5.5　グラフの一筆書きとハミルトン閉路

この問題と似ているが，グラフのすべての**頂点**（vertex）をちょうど1度ずつ通って，戻ってくる道を見つけよ，という問題がある。**ハミルトン閉路**（Hamilton cycle）の問題という。それぞれの道に道のりがついていると，**巡回セールスマン問題**（traveling salesman problem）という有名なパズルである。図5.5（c）のように，この例では解がある。また，解のない問題もありうる。

じつは，一筆書きの問題は易しいが，ハミルトン閉路の問題は難しいと考えられている（この図のように小さなグラフのときには，一筆書きの方が難しく見える）[1]。

5.4 アルゴリズムとコンピュータの限界

一筆書きできるかどうかは，ごく簡単な判定法が知られている[†2]。一方，ハミルトン閉路が存在するかどうか決定するためには，頂点数 n の多項式オーダの時間では無理で，おそらく n の指数関数オーダの時間が必要だろうと信じられている。ただし，信じられているだけで，証明は長らくされてこなかった。めったなことでは証明できないところが，コンピュータ科学における前途の困難さの象徴でもあった。

ハミルトン閉路の問題は，**NP 完全**（NP-complete）というクラスに属している。NP というのは，非決定性多項式（nondeterministic polinomial）時間の計算を必要とするという意味から由来している。すなわち，プロセッサの数をいくらでも増やせる超並列処理なら，問題のサイズ n の多項式時間で解ける。非決定性というのは，多数のプロセッサのうち，どれか1つ以上が解を見つければよいという意味である。

この表現ではわかりにくいが，要するに，図 5.5（c）のように，いったん答えを与えてみれば，その答えが正解であることを確かめるのは容易だという問題である。正解を確かめるのは易しいが，自分で正解を見つけだそうとすると難しい。

そういう問題のうち，ある意味で代表的な問題だと証明できたものを，NP 完全問題という。代表的だというのは，そういう問題群のうちで最も難しい問題のひとつだという意味であり，その問題が1台のコンピュータで多項式時間で解けるなら，他の問題もすべて1台のコンピュータで多項式時間で解けてしまうという問題である。

1970 年代の初頭以来，コンピュータ分野では NP 完全問題が山ほど発見されていて，数千以上見つかっている（それだけ多数の人が研究してきたという

[†1] 一見よく似た問題なのに，一方はアルゴリズムの設計が易しく，他方は難しいことがときどきある。例えば，デジタル図形の内部は1，外部は0と表現されている場合，図形の内部の点を集計して，それを面積とする計算は簡単である。他方，図形の周囲のみが1で，内部も外部も0なら，図形の面積を求めるアルゴリズムは非常に高度である。

[†2] 各頂点に集まっている枝の数を数える。全頂点の枝の数が偶数であるか，奇数である頂点が2つだけなら一筆書きできる。数学者オイラー（Leonhard Euler）が見つけた判定法である。

ことである).しかし,どのNP完全問題も,1台のコンピュータで,多項式時間で解くアルゴリズムが見つからなかった.しかも,多項式時間で解けないと証明しようとしても,長らく証明できないできたのである.

この問題は,「**P ≠ NP ?**」と書いて,コンピュータ科学分野で最大の未解決問題と位置づけられている.Pというのは,1台のコンピュータで多項式時間で解ける問題全体を意味している.

デジタル分野の数学は,アナログ分野の数学に比べて,意外なほど解決が困難なことが,数学の歴史の中で明らかにされてきた.どんな白地図も4色で塗り分けられるという**4色問題**(four color problem)は,証明に100年以上を要した.$x^n + y^n = z^n$ は整数 $n \geq 3$ の場合に正整数解をもたないという**フェルマーの最終定理**(Fermat's last theorem)も,証明に300年以上を要した.非常に優秀な人が求められているのが,デジタル分野の数学である.

演 習 問 題

5.1 背景を0,図形内部を1とした2次元配列表現を用いて,図形の重心を計算するプログラムを考えよ.

5.2 背景を0,図形内部を1とした2次元配列表現を用いて,図形の輪郭だけを1とするプログラムを作れるだろうか.

5.3 n 個のデータが,小さなものから順に並んでいる配列がある.あるデータが与えられたときに,この配列の中にそのデータが存在するかどうかを調べるには,配列のいちばん前から順に比較していくよりも,高速なアルゴリズムがあるだろうか.

5.4 地図の上に n 個の町がある.隣り合った町の間には道があり,道のりがついている.任意のA町とB町を選んだとき,AからBへ行く**最短経路**(shortest path)を求めるアルゴリズムを考えよ.

5.5 高速フーリエ変換において,図5.3(b)の入力側の変数 f_j は,どういう規則で並べればよいだろうか.

5.6 騎士の周遊の問題を解いてみよ.人間が解いても,コンピュータに解かせてもよい.

6 ハードウェア設計の基礎

章が進んできたことでもあるので，本章以後では，コンピュータ技術をもう少し詳しく見ていくことにする。まず本章では，コンピュータのハードウェアを構成するデジタル回路技術について述べる。ブール代数の話や，加算回路の作り方などである。

6.1 論理代数と論理回路

6.1.1 論理代数

コンピュータとその周辺機器の内部では，0と1を使った演算や記憶を，電子的に行っている。電圧の低と高，あるいは磁極の変化などに対応させて，0と1とを表現しているわけである。

0を偽（false），1を真（true）に対応させると，その仕組みは，**命題論理**（propositional logic）あるいは**ブール論理**（Boole logic）と呼ばれる体系と一致することが知られている[†]。ブール論理とは，「… または …」，「… かつ …」，「… でない」などの表現を用いる論理であって，さまざまな命題をこれらの表現で組み合わせ，その真偽を考えることができる。

命題（proposition）とは，正しいか正しくないかが，明確に定まるような言明（文）のことである。正しいか正しくないかが，状況によって変化するような表現は，命題とは呼ばないことに注意せよ。例えば，

「イヌは動物である」　　真の命題

[†] この一致は，シャノンが発見して，修士論文にしたことで有名である。シャノン以前に気づいた日本人もいるが，シャノンの指摘ほど明快ではない。

「イヌは植物である」　偽の命題

「イヌは忠実である」　命題ではない

「イヌは植物である」という文は，偽であることが明確に定まるので，命題だ。しかし，「イヌは忠実である」という文に関しては，状況によってイヌは忠実でないとみなされることもあるだろうから，命題とはいえない。

ただし，コンピュータのハードウェアを勉強する際には，論理学における命題という概念を細かく検討する必要はない。0か1という値をとる変数のことだけを考えればよい。

論理代数（logical algebra）あるいは**ブール代数**（Boolean algebra）と呼ばれる体系では，0か1という値だけをとる論理変数を対象とする。一般に，0を偽，1を真と考える習慣がある。**論理積（AND），論理和（OR），論理否定（NOT）** という演算を用いる。それらは，・や＋や ̄ という論理記号で表現して，

　　論理積（AND）　　$A \cdot B$　　「A かつ B」
　　論理和（OR）　　　$A + B$　　「A または B」
　　論理否定（NOT）　$\overline{A}$　　　「A でない」

のように表され，日本語で書けば上記の右端のような意味をもつ。普通の代数と同じように，論理積の記号は書くのを省略してもよい。

それぞれの演算がどんなものかは，ごく小さな表で定義できる。**表 6.1** にそれを示す。これを**真理値表**（truth table）という。変数 A と B の値がすべての場合を尽くしているから，この表で完全に定義できていることになる。このような論理は，プログラミングや情報検索などにおいて多用するので，覚えて

表 6.1 基本的な論理演算

（a）論理積（AND）
$X = A \cdot B$

A	B	X
0	0	0
0	1	0
1	0	0
1	1	1

（b）論理和（OR）
$X = A + B$

A	B	X
0	0	0
0	1	1
1	0	1
1	1	1

（c）論理否定（NOT）
$X = \overline{A}$

A	X
0	1
1	0

おくべきである。

　論理積では，A と B が両方とも 1 のときだけ，その値は 1 である。論理否定では，A の値がつねに反転される。これらは言葉どおりであって，だれも迷わないだろう。一方，論理和だけは注意してほしい。「A または B」と言ったとき，A と B が両方とも 1 のときの値をどうするか迷うからである。論理和は，A と B がともに 1 のとき，その値は 1 であると定めている。「または」というのは，両方ともなりたってもよいと約束する[†]。

　論理和さえ注意しておけば，論理代数というのはごく易しい。あとはこれらの演算を組み合わせていくだけだ。そして，そのように組み合わせた**論理式** (logical expression) で，**論理関数** (logical function) を作る。

6.1.2　論理代数の性質

　論理代数は，集合論との類推で考えれば，自然に理解できるだろう。AND は積集合，OR は和集合，NOT は補集合の演算だと思えばよい。**ベン図** (Venn diagram) で，さまざまな論理関数を表現できることがわかるだろう。**図 6.1** に，いくつかの論理関数に対して，その値が真になる部分を示す。

　論理代数と集合の考え方は完全に一致する。だったら，ベン図で論理関数をなんでも表現できそうだが，ベン図というのは不完全な表現法だということを注意しておこう。ベン図で完全に表現できるのは，3 変数以下の論理関数にすぎない。4 変数になると，部分集合の数が $2^4 = 16$ 通りあることがわかるだろう。しかし，4 つの集合のベン図をなるべく一般的に描いてみると，**図 6.2** のようになる。領域が 14 個しかない。巧妙な描き方をすると，16 個の領域を表現できないことはないが，一般にベン図は不完全な表現法である。論理関数をきちんと表現するためには，真理値表などを用いるのがよい。

　論理代数では集合論と同様に，**ド・モルガンの法則** (de Morgan's law) すなわち $\overline{A+B} = \overline{A}\cdot\overline{B}$, $\overline{A\cdot B} = \overline{A}+\overline{B}$ もなりたつ。真理値表を使えば，証明

[†] 日常生活では用法が異なることがあり，例えば「賞品は A または B」といったときは片方しか許さない。

(a) A (b) $\bar{A}$ (c) $A \cdot B$

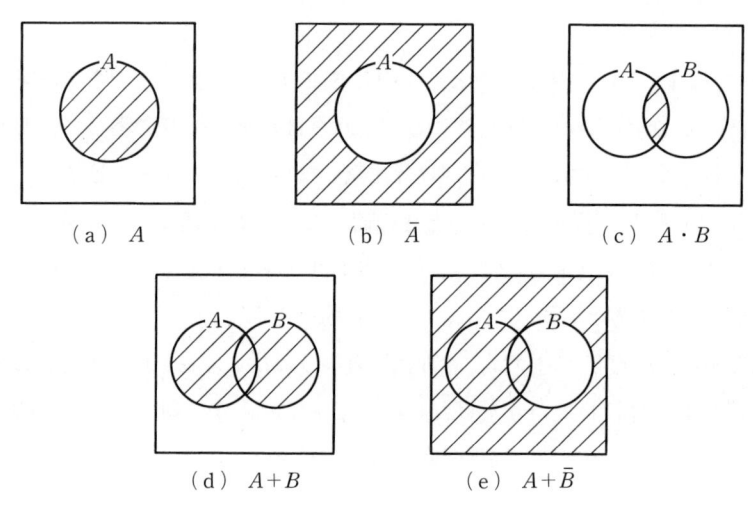

(d) $A+B$ (e) $A+\bar{B}$

図 6.1 ベン図で論理関数を表現した例

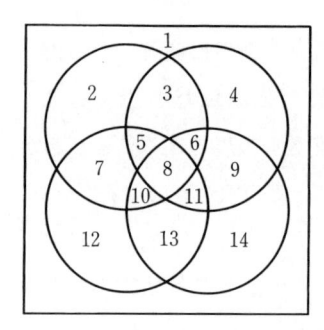

図 6.2 4 変数のベン図は不完全である

できるはずだ。ド・モルガンの法則のうち，前半の式を証明した例を，**表 6.2** に示しておく。式の左辺と右辺の真理値が完全に一致しているので，この表で証明できている。

表 6.2 $\overline{A+B}=\bar{A}\cdot\bar{B}$（ド・モルガンの法則）の真理値表による証明

左 辺				右 辺				
A	B	$A+B$	$\overline{A+B}$	A	B	$\bar{A}$	$\bar{B}$	$\bar{A}\cdot\bar{B}$
0	0	0	1	0	0	1	1	1
0	1	1	0	0	1	1	0	0
1	0	1	0	1	0	0	1	0
1	1	1	0	1	1	0	0	0

論理代数には，さまざまなおもしろい性質がある。例えば，

$$A \cdot (B+C) = (A \cdot B) + (A \cdot C)$$

という式が，普通の代数でなりたつことは，だれでもわかるだろう。分配法則である。論理代数では，「・」と「+」を入れ替えて，

$$A + (B \cdot C) = (A+B) \cdot (A+C)$$

もなりたつ。興味のある人は，真理値表を使って証明してみるとよい。

付け加えておくと，論理代数では，「・」と「+」，「0」と「1」を，すべて一括して置き換えても，その論理式がなりたつことを証明できる。このような性質を**双対性**(そうつい)(duality) と呼んでいる。

6.2 トランジスタと論理回路

6.2.1 トランジスタの動作原理

現在のコンピュータハードウェアのほとんどは，**トランジスタ**（transistor）技術を用いている。図 6.3（a）に模式的に示すのは，**MOS トランジスタ**である。金属（metal）の配線を，酸化物（oxide）の絶縁体と，シリコン単結晶の**半導体**（semiconductor）の上に形成している。MOS **電界効果トランジスタ**（field effect transistor，**FET**）ともいう。半導体とは，導体とも不導体ともいえない中間の性質をもつ物質である。

シリコンの基板には，ごく微量の不純物原子を混ぜている。その結果，n 型という電子の多い領域と，p 型という電子が不足している領域が作られている。

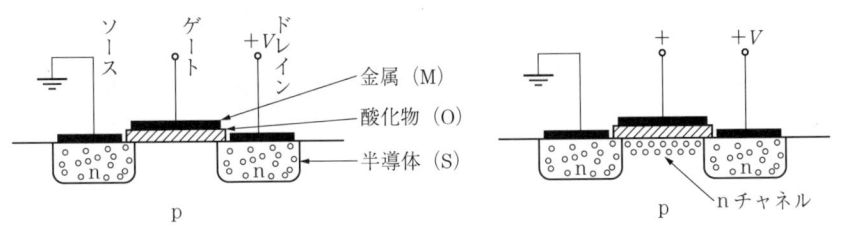

(a) MOS トランジスタ　　(b) MOS トランジスタの導通状態

図 6.3　MOS トランジスタの原理

この図はnMOSと呼ばれ，電子を小さな丸で表示している．なお，ここでいう電子とは，**自由電子**（free electron）といって，自由に動き回れる電子のことである．

　論理回路の場合，このようなトランジスタをオンとオフのスイッチに使うだけなので，動作原理はごく簡単である．図6.3（a）のように，**ドレイン**（drain）という電極に正の電圧をかけ，**ソース**（source）という電極をアース電位とする．この場合，**ゲート**（gate）電極の下には自由電子がないので，電流が流れることができない．スイッチがオフの状態である．ところが，図6.3（b）のように，ゲート電極にも正の電圧をかける．すると，正の静電気に引かれて，ゲート電極の直下に自由電子が集まってくる．その結果，電流の通路であるn**チャネル**（channel）が形成されて，スイッチがオンとなる．

6.2.2　トランジスタ論理回路

　論理関数を実現する回路を，**論理回路**（logical　circuit）という．AND，OR，NOTなど基本的な論理関数を実現する論理回路を，**論理ゲート**（logic gate）あるいは単にゲートという．

　現代の論理回路は，MOSトランジスタで半導体**チップ**（chip）上に作られることが多い．MOSトランジスタによる論理回路の回路例を，図6.4にいく

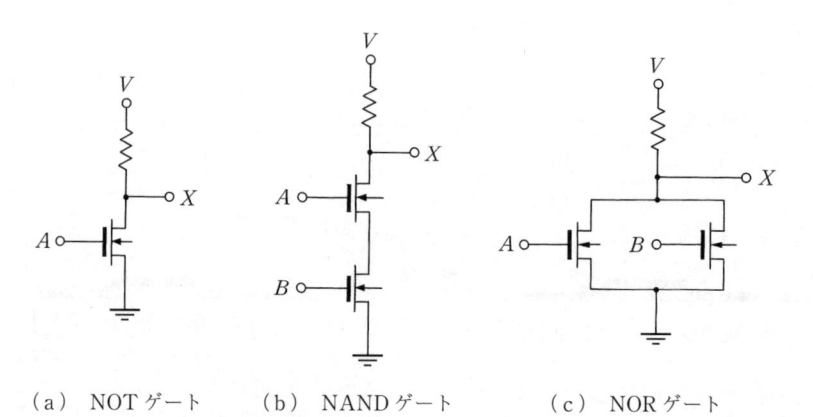

　　（a）　NOTゲート　　　（b）　NANDゲート　　　（c）　NORゲート

図6.4　MOSトランジスタによる基本回路

つか示そう。

ごく簡単に動作を述べると，図6.4（a）のトランジスタ論理回路では，入力の電圧レベルが高レベルHのとき，トランジスタが導通状態になって，出力は低レベルLになる。また，入力の電圧レベルが低レベルLのときには，トランジスタが絶縁状態になって，出力は高レベルHになる。この基本特性は，ちょうどNOTの機能を実現していることになる。電圧の低レベルLを論理値0に，電圧の高レベルHを論理値1に対応させると，図6.4（a）は，NOTゲートを実現していることになる。このような回路を，**インバータ**（inverter）ともいう。

トランジスタ論理回路では，NOT，AND，ORを実現する回路を基本とするのではなく，NOT，NAND，NORを実現する回路を基本としている。NANDというのは，NOT-ANDの意味であって，論理式で書けば，$\overline{A \cdot B}$を意味している。またNORというのは，$\overline{A+B}$の意味である。図6.4（b）と（c）がそれぞれのゲートの回路例である。よく考えてみると，ANDやORの否定を実現していることがわかるだろう。

また，図6.5に示す**CMOS**（complementary MOS）トランジスタは，回路がやや複雑になるが，より高速で低電力だという特性がある。実際はこの方式を用いているマイクロプロセッサが多い。

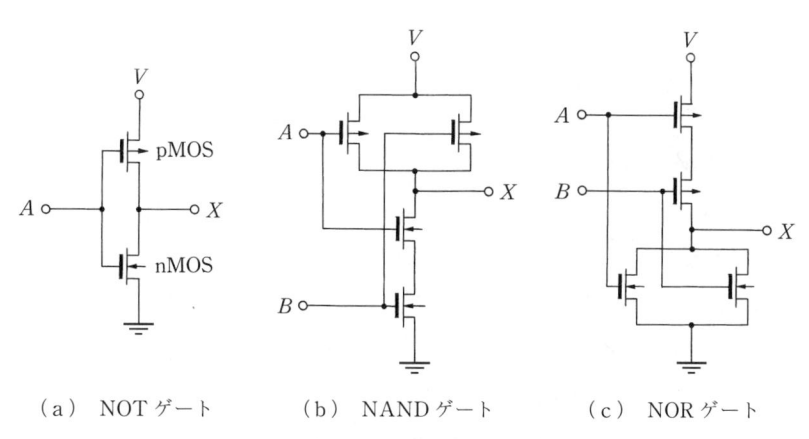

　　（a）　NOTゲート　　　　　（b）　NANDゲート　　　　（c）　NORゲート

図6.5　CMOSトランジスタによる基本回路

図6.5(a)にあるnMOSトランジスタは，入力がHのとき導通状態となり，また入力がLのときは非導通状態になる。pMOSトランジスタはその逆で，入力がHで非導通状態，Lで導通状態になる。つまり，入力がHでもLでも，どちらかのトランジスタが非導通なので，ほとんど電流を流さずに論理を実現できる。非常に低電力の回路方式だということである。

なお，これらの論理ゲートは，トランジスタを用いた図で示すのではなくて，論理ゲート記号で表す習慣になっている。**図6.6**にそれらの記号を示しておこう。図の中で，小さな丸印は，否定を表す記号だということがわかるだろう。図6.6(d)はNANDゲートだが，ド・モルガンの法則を使うと，図6.6(f)のようにも表せる。これらの記号は本章でよく用いる。

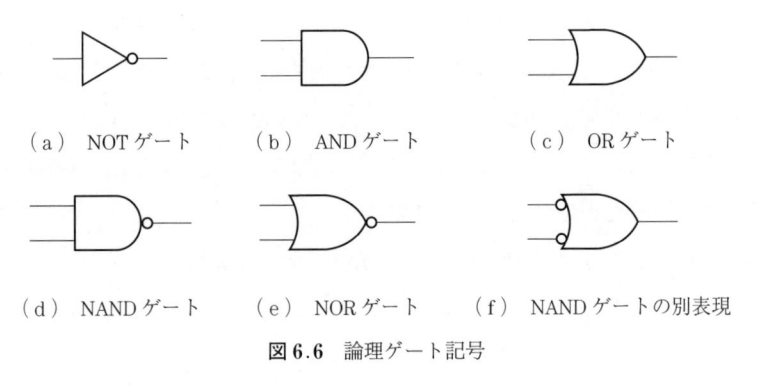

（a） NOTゲート　　（b） ANDゲート　　（c） ORゲート

（d） NANDゲート　　（e） NORゲート　　（f） NANDゲートの別表現

図6.6　論理ゲート記号

6.3　組み合わせ回路の設計

6.3.1　組み合わせ回路の実現法

現代の論理回路は，ブラックボックス化が進んでいる。半導体チップとして機能だけが提供され，設計の細部はわれわれの目に触れない。コンピュータの利用者が，論理回路を設計しなければならない機会はほとんどない。とはいえ，CPUの基本回路などの設計法をここで考えてみよう。意外に簡単だし，すっきりとした基本回路の設計が可能である。

論理変数 $x_1, x_2, \cdots, x_n$ を入力変数として，出力が $y = f(x_1, x_2, \cdots, x_n)$

となるような論理関数を回路で実現したい。**組み合わせ回路**（combinational circuit）と呼ばれる論理回路は，真理値表で表現した論理関数を実現する回路である。入力の値を決めるごとに，出力の値が完全に定まる。

さて，真理値表で表現された論理関数を実現するには，どのような論理回路を作ればよいのだろうか。例として，**表6.3**に，A と B の**排他的論理和**（exclusive OR，**XOR**）という論理機能の真理値表を示そう。論理和において，A と B がともに 1 のときに出力を 0 としたものだ。

表6.3 排他的論理和の真理値表

A	B	X
0	0	0
0	1	1
1	0	1
1	1	0

この論理関数は，1 が奇数個のときに出力が 1，偶数個のときに出力が 0 となる奇数パリティ関数ともみなされ，$A \oplus B$ とも表記される。また，**図6.7**（a）のようなゲート記号が用いられることがある。パリティ検査回路などに使われるため，**パリティゲート**（parity gate）ともいう。

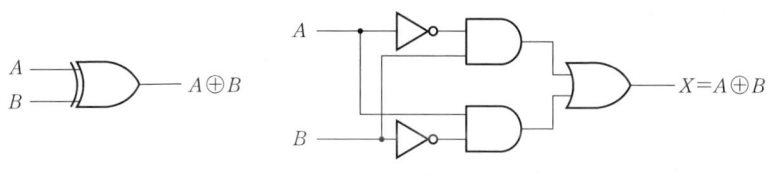

（a）XOR のゲート記号　　（b）AND，OR，NOT ゲートによる設計例

図6.7　排他的論理和 XOR

この関数を通常の論理式で書くと，下のようになる。

$$X = \bar{A} \cdot B + A \cdot \bar{B}$$

右辺の 1 つ目の項は，真理値表の 2 行目（$A=0$, $B=1$）の出力 $X=1$ を表している。また，2 つ目の項は，3 行目（$A=1$, $B=0$）の出力 $X=1$ を表している。なぜなら，これらの項は，該当する行においてしか 1 とならないからである。

もしそれが理解できるなら，この式をそのまま論理回路にすればよい。そうして作った回路が，図6.7（b）に示すものである。それがわかるなら，論理回路の基本的な設計法が理解できたことになる。

図6.7（b）で，上方にある AND ゲートの出力は，真理値表の2行目の出力1を実現する。一方，下方の AND ゲートの出力は，真理値表の3行目の出力1を実現する。それらの出力を OR ゲートでまとめると，真理値表どおりの論理関数が実現できるとわかるだろうか。よく考えてもらいたい。

論理機能を実現するだけなら，この設計法を覚えておけばよい。やり方は以下のように簡単である。

（1） 真理値表の各行のうち，出力が1である行を1行ずつ AND ゲートと NOT ゲートで実現していく。入力値が0である変数には NOT ゲートを挿入する。AND ゲートは3入力以上でもよい。

（2） それらすべての AND ゲートの出力を，1つの OR ゲートへ入力すると，OR の出力が求める論理関数である。一般に OR ゲートの入力数は多くなる。

AND や OR の入力数は，トランジスタの特性などを理由として，ある本数以下に限定されるのが通常である。しかし，複数個の同一ゲートを多段接続すると，等価的に入力数の多いゲートとみなせる。そうすれば，上記の方法でなんとか実現できるだろう。

6.3.2　組み合わせ回路の簡単化

トランジスタ論理回路の場合には，ド・モルガンの法則を利用することによって，AND と OR を NAND ゲートで置き換えることができる。それが**図6.8（a）**である。否定どうしが打ち消し合っている。

一方，図6.8（b）はその回路を変形したもので，こちらの方が一般に広く用いられる。ただし，その設計法は初学者のレベルを超えるものである。

一般に，真理値表の各行を1つずつ実現して，それらをつなぎ合わせる設計法は，回路規模が大きくなって無駄が多い。できるだけ小さな回路での実現を

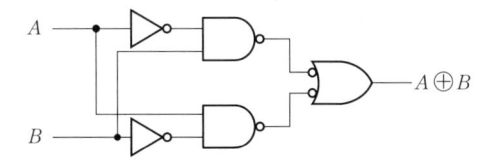

（a） ド・モルガンの法則による設計

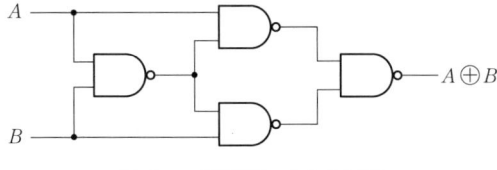

（b） 一般に用いられる回路

図 6.8　NAND ゲートを用いた XOR の設計

工夫する。そのような操作を**簡単化**（simplification）あるいは**最小化**（minimization）という。真に最適化するのは非常に面倒であり，問題の性質上，総当たりに近いアルゴリズムしかないため，ここでは述べない。

例として，3 入力の**多数決**（majority）関数を簡単化した実現例だけを**図 6.9**に示しておこう。A, B, C という 3 変数のうち，2 つ以上の変数のとっている値を出力とする論理関数である。多数決関数を $M(A, B, C)$ と書くこともある。

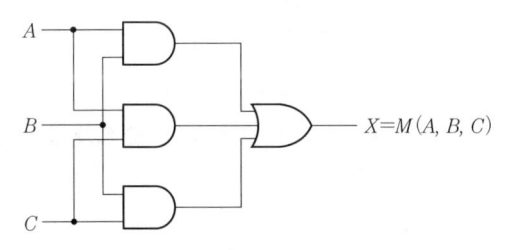

図 6.9　多 数 決 回 路

真理値表を作ってみよ。そして論理式を操作して，

$$X = ABC + AB\bar{C} + A\bar{B}C + \bar{A}BC$$
$$= BC + CA + AB$$

という変形ができるなら，この回路でよいことがわかるだろう。ド・モルガン

の法則を利用すると，この回路を4個のNANDゲートで実現できるだろう。

6.3.3 加算回路の設計

この程度のことがわかれば，加算の基本回路は容易に設計できる。加算の真理値表は，**表6.4**のようになるはずだ。加算の規則をそのまま真理値表で表せばよいだけである。表のCというのは桁上がり（carry），Sというのは和（sum）の意味である。

表6.4 加算の真理値表（半加算器）

A	B	C	S
0	0	0	0
0	1	0	1
1	0	0	1
1	1	1	0

CとSそれぞれを論理関数で表現すると，

$C = AB$

$S = A\bar{B} + \bar{A}B$

となる。Cの方は，たった1個のANDゲートで実現できることがわかるだろう。また，Sは排他的論理和そのものだ。驚異的に簡単である。

2進数演算は，このように回路実現がきわめて容易だという特性をもつ。ただ，上記の式の回路は，**半加算器**（half adder）といって，まだ十分でない。下位桁からの桁上がりを考慮した回路になっていないからだ。

下位桁からの桁上がりを考慮した加算回路を，**全加算器**（full adder）という。その真理値表を**表6.5**に与えよう。

C_iは，3変数の多数決関数になっていることがわかるだろうか。またS_iは，3変数の奇数パリティ関数である。それぞれ確かめてもらいたい。すなわち，

$C_i = M(A_i, B_i, C_{i-1})$

$S_i = A_i \oplus B_i \oplus C_{i-1}$

多数決関数の回路はすでに図6.9に与えた。4ゲートで可能である。また奇数パリティは，$S_i = (A_i \oplus B_i) \oplus C_{i-1}$とみなせば，2個の排他的論理和で実

6.3 組み合わせ回路の設計

表 6.5 全加算器の真理値表

A_i	B_i	C_{i-1}	C_i	S_i
0	0	0	0	0
0	0	1	0	1
0	1	0	0	1
0	1	1	1	0
1	0	0	0	1
1	0	1	1	0
1	1	0	1	0
1	1	1	1	1

現できる。あるいは，NANDゲートを7個使う作り方も存在する。全加算器全体としては，おおむね10個程度のNANDゲートで実現できる。

半加算器を2個使って，全加算器1個を作ることもできる。参考のために，その回路も図6.10に示しておく。図でHAと書いたのが半加算器だ。

このような全加算器をいくつも用いると，多数桁の加算器を実現できる。nビットの並列加算器をどう構成すればよいかを，図6.11に示す。図でFAと書いてあるのが全加算器である。32ビットの加算器を作っても，300ゲート程度だろう。これがCPU内の演算回路の基本的な設計法である。

ただし，実際のCPUでは，このままの形の加算回路を用いるわけではな

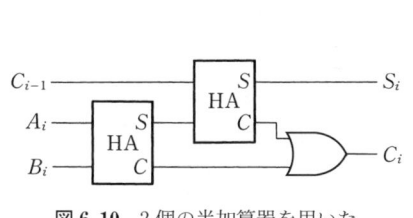

図 6.10 2個の半加算器を用いた全加算器

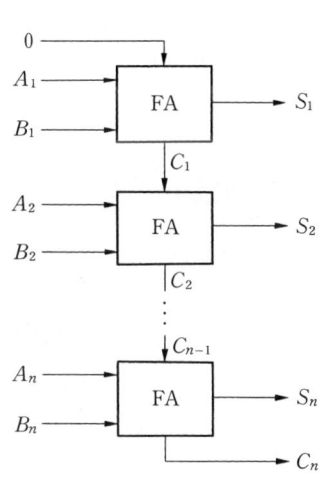

図 6.11 nビットの並列加算器

い．桁上がりがすべての全加算器を伝わっていくことがあるため，その時間を短縮する工夫を加えているのである．複雑な高速桁上げ回路を追加して，信号が通過するゲートの段数をできるだけ少なくしている．

6.4 メモリ回路と順序回路

6.4.1 メモリ回路

記憶回路として，主記憶装置でおもに用いられるのは，RAM（ラム）(random access memory) と呼ばれるLSIである．ランダムアクセス型といい，番地を指定さえすれば，どの番地でも即座に読み書きできる．

ダイナミックRAM（dynamic RAM）あるいは**DRAM**（ディーラム）という長らく主流だったメモリLSIでは，トランジスタ1個とコンデンサ1個で1ビットの基本回路を構成する（図**6.12**）．ビット当たりのコストが非常に安い．ただし，読み書きに10ナノ秒程度の桁の時間を要する．

コンデンサの電荷でビット値を記憶し，トランジスタを導通させることによって，その電荷を読み書きする．ただ，しばらくすると放電して，記憶した値

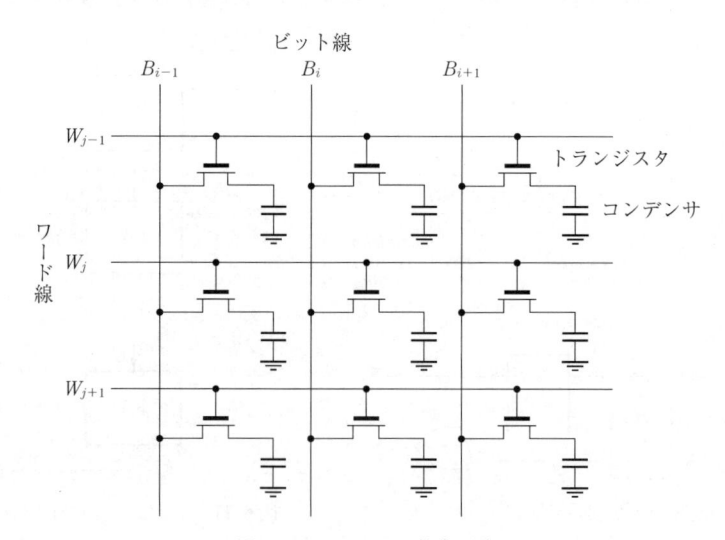

図 **6.12** DRAM の基本回路

が失われる。そのため，一定時間（10マイクロ秒の単位）ごとに読み出しては再書き込みを行う**リフレッシュ**（refresh）回路を備えなければならない。

それに対して，**スタティックRAM**（static RAM）あるいは**SRAM**（エスラム）と呼ばれるLSIは，次項で述べるフリップフロップという論理回路と同じ原理を用いている。マイクロプロセッサ内部のレジスタと同様の回路である。DRAMよりはるかに高速である。ただし，DRAMやSRAMは，電源を切ると内容が消えてしまう。**揮発性**（volatile）という。永続的にデータやプログラムを記憶させるためには，**ROM**（read only memory）が用いられる。

マスクROM（mask ROM）は，ROMの製造時に，半導体製造工程でデータを書き込む。大量に製造するならコストが安い。一方，**PROM**（programmable ROM）は，使用者が書き込めるので，少量の使用に適している。紫外線で消去して書き換えが可能な**EPROM**（erasable and programmable ROM）や，電気的に消去して書き換えできる**EEPROM**（electrically EPROM）がある。特にEEPROMが多用されている。

フラッシュメモリ（flash memory）は，EEPROM中のビットをまとめて，ブロック単位で書き換え可能とした不揮発性メモリである。1トランジスタ型の簡略な回路構成であり，携帯機器のメモリなどに広く用いられる。MOSトランジスタのゲート電極を2層構造として，フローティングゲート内に電荷を蓄えて記憶する。書き換え可能回数は10万回程度だが，RAMとしても使える。

NAND型フラッシュメモリは，メモリセルが数珠つなぎにビット線につながっており，大容量型として用いられる。一方，NOR型フラッシュメモリは，メモリセルごとにビット線につながっており，ビット当たりの面積が大きくなるが，ランダムアクセスに適する。これら以外にも，不揮発性のMRAM（magnetoresistive RAM）やFeRAM（ferroelectric RAM）やOUM（Ovonic unified memory）など，新しいタイプのメモリ素子がいろいろ提案されている。

6.4.2 フリップフロップ

論理ゲートを使った回路で，メモリ機能を実現することもできる。その基本

回路を考えてみよう。組み合わせ回路とは異なった性質をもっている。

図 6.13（a）の回路を見てみよう。NANDゲートを2個使った回路である。習慣的に，たすき掛けの形に描くが，回路がループ状の接続になっているだけである。この回路は，**フリップフロップ**（flip-flop）と呼ばれる。いったいどんな動作をするのだろうか。NANDゲートの真理値表を頭に想定しながら，動作を考えてほしい。

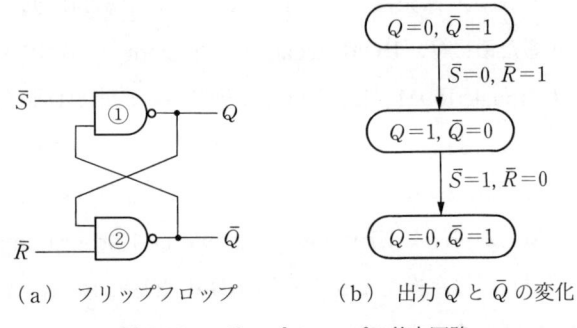

（a）フリップフロップ　　　　（b）出力 Q と $\bar{Q}$ の変化

図 6.13　フリップフロップの基本回路

$\bar{S}$ と $\bar{R}$ という入力は，通常は1である。これらはそれぞれセット（set）とリセット（reset）の信号であるが，ふだんは1で，0になると信号が来たとみなす。また，Q と $\bar{Q}$ という出力については，とりあえず Q の方が0だとしてみよう。このとき，ゲート②側の出力 $\bar{Q}$ は，1になっていることを容易に確認できる。

ゲート①に関しては，入力である $\bar{S}$ と $\bar{Q}$ がともに1だから，そのANDが1なので，NANDの出力は0である。よって，確かに Q の出力は0になり，ここで決めた値は矛盾がない。図でよく確かめてほしい。

さてここで，図 6.13（b）のように，$\bar{S}=0$ と $\bar{R}=1$ に値を変えてみよう。まず，セット信号を送り込んで，$\bar{S}=0$ としてみる。ゲート①の入力は，$\bar{S}=0$ と $\bar{Q}=1$。それらのANDは0だから，NANDの出力は $Q=1$ に変わる。同様にゲート②の出力も解析してみると，出力は $\bar{Q}=0$ となり，これで安定する。

これらを確認するのは簡単だが，注意しなければならないのは，$\bar{Q}=0$ とな

った結果が，ゲート①にふたたび影響を及ぼすかもしれないことである。それもチェックしてみてほしい。

さてここで，$\bar{S}=1$ に戻してみても，Q と $\bar{Q}$ の出力はそのままで変化しない。確認してみてほしい。結局，$\bar{S}$ をいったん0にしてから1に戻すと，この回路では，$Q=1$，$\bar{Q}=0$ という出力に変わり，そのまま安定した。同様に，次に $\bar{S}=1$，$\bar{R}=0$ とすると，今度は出力が $Q=0$，$\bar{Q}=1$ となり，$\bar{R}=1$ に戻しても，それで安定する。

組み合わせ回路では，その入力の値だけで出力が決まり，真理値表によって出力の値が完全に定まっている。しかしこの回路では，$\bar{S}=1$，$\bar{R}=1$ という場合の出力が，$Q=0$，$\bar{Q}=1$ という場合と，$Q=1$，$\bar{Q}=0$ という場合の2通りあることになる。

このような回路は，組み合わせ回路と異なる特性をもっていると考えられる。それが証拠に，真理値表で表現しようとしても，うまく書けなくて困ってしまうだろう。

フリップフロップという言葉は，シーソーとか，とんぼ返りといった意味をもっている。論理ゲートを使った記憶回路の基本形である。セット端子の信号によって，1を記憶させる。また，リセット端子の信号によって，それを0に戻せる。このような回路が，CPU内部のレジスタの基本回路である。

6.4.3 順 序 回 路

記憶機能をもった論理回路を，**順序回路**（sequential circuit）と呼んでいる。コンピュータは，さまざまなデータを記憶することができるから，順序回路の一種である。

フリップフロップの例で見たように，順序回路では，回路の内部に**フィードバック**（feedback）が存在する。あるゲートの出力が，それより前段のゲートへの入力として使用され，信号がループを形成しているのである。

記憶をもった回路は，信号がどんな順序で来たかという履歴によって，その出力が異なった値をとる。さきほどのフリップフロップで，$\bar{S}$ と $\bar{R}$ の順序が

異なれば，Q の値は異なってくるだろう．このように信号の順序が問題になるので，順序回路と呼んでいるわけである．

記憶回路がとる値のことを，やや抽象的な表現では，**状態**（state）という．例えば，1個のフリップフロップは，0と1という2状態をもつ．2個なら00，01，10，11という $2^2 = 4$ 状態をもつ．一般に n 個のフリップフロップなら，2^n 状態をもつ．順序回路の本格的な設計には，このような状態という概念を用いる．**状態機械**（state machine）などと呼んだりする．また**オートマトン**（automaton）と呼ばれることもある．自動人形という意味だ．ただ，その理論は初学者のレベルではない．

順序回路には，クロック入力に同期して動く**同期式順序回路**（synchronous sequential circuit）と，クロック入力を用いない**非同期式順序回路**（asynchronous sequential circuit）がある．実用されるほとんどの回路が，同期式である．非同期式回路の設計は難しいことが知られており，初心者が設計したのでは，さまざまな問題が発生する．

同期式順序回路の概念的な例を示しておこう．多数桁の並列加算器は回路量が多いので，順序回路の設計法によって，直列加算器として設計したのが，図 6.14 に模式的に示した回路だ．最初はフリップフロップ FF の値を0にしておき，クロック信号とともに，A_i と B_i に数値を最下位桁から順に1桁ずつ送り込んでいく．たった1桁の全加算器 FA を用いるだけで，任意桁の加算を実行できる回路である．ただし，1クロックで2進数1桁分の計算しかしてくれないので，桁数が長いほど時間がかかる．

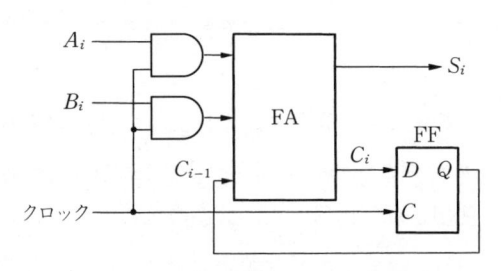

図 6.14 順序回路による直列加算器

6.5 コンピュータのハードウェア

6.5.1 CPUの内部回路

以上のような論理回路を基本回路として用いれば，CPUを設計できる．演算回路は加算機能を主とした組み合わせ回路で実現できる．レジスタはフリップフロップを用いればよい．それらのまわりの制御回路をきちんと設計する必要があるが，デジタル回路の設計は意外に簡単だということがわかっただろう．

世界最初のマイクロプロセッサであるインテル4004は，4ビットの演算しかせず，2200トランジスタ余りで設計された．一方，近年の高性能マイクロプロセッサは非常に複雑で，トランジスタ数は億の桁を超えている．それでも，基本的な考え方がわかれば，おおよその設計を理解するのは困難ではない．

例えば，現在のマイクロプロセッサでは，プログラムを主記憶のどこに置くかを，毎回，実行時に自由に決められる．そのための工夫としては，メモリの番地を指定するために，補助のレジスタを1個追加すればよい．そのレジスタにプログラムの開始番地を入れておき，毎回メモリを読み書きする際に，そのレジスタの値を番地に足し合わせるのだ．

このようなさまざまな工夫を付け加えていくと，CPUがだんだん複雑化していく．メモリのアドレス指定方式だけでも，5通りも6通りもある．それを使いこなすために命令セットが複雑化する．4.1.3項で述べたマイクロプログラム方式で設計される．ハードウェアの設計もソフトウェアに近づいていく．

また，マイクロプロセッサ内部の回路があまりにも複雑化したため，それらを **CISC**（complex instruction set computer）と呼び，より簡潔な命令セットを用いた **RISC**（reduced instruction set computer）すなわち縮小命令セットコンピュータも開発された．しかし，RISCといえども複雑さを重ねていった．

近年のマイクロプロセッサは，内部で複数の演算器を用いて高速化を図ることが多い．また，1つの半導体チップ上に複数のCPUを搭載して，**マルチコア**（multicore）型の構成で性能を追求するようになっている．

6.5.2 スーパーコンピュータ

スーパーコンピュータ（supercomputer）というのは，一般には，同時代のコンピュータの中で，抜きん出て超高速の処理能力をもつコンピュータのことである。狭い意味では，科学技術計算用の超高速コンピュータを指す。

従来の代表的な方式は，**ベクトルコンピュータ**（vector computer）だった。ベクトルや行列などの配列データの高速処理に適しているため，この名がついた。図 6.15（a）のように，**パイプライン処理**（pipeline processing）という方式を採用している。パイプラインというのは，例えば乗算器などを何段かの回路に分解して，直列構成に設計した回路である。クロックに合わせてデータをどんどん投入して計算させると，各段ごとのごく短い処理時間でデータが流れていく。例えば 10 段に分ければ，10 倍の高速化に相当する。

このような方式では高速化に限界があるので，現在は図 6.15（b）に例示したような**超並列コンピュータ**（superparallel computer）が一般的となっている。数百～数万個以上のコンピュータを結合して，一斉に計算させる方式である。個々のコンピュータ内部でベクトル計算方式をとるものもあるし，汎用マイクロプロセッサを大量に用いるものもある。比較的小さなものは，**クラスタマシン**（cluster machine）などの名称が用いられる。

超並列方式の場合，コンピュータ間をどう結合するかという工夫が重要である。すべてのコンピュータどうしを相互結合すると，線数が多くなりすぎるため，線数を減らさなければならない。クロスバースイッチ（格子状のスイッチ群）を用いたり，光ファイバによる高速ネットワークを使用したり，あるいは特別な結合方式を採用したりする。

スーパーコンピュータの性能は，1 秒間の浮動小数点数の計算回数である **FLOPS**（floating point operations per second）で測られる。1976 年に発表された最初の商用機である CRAY-1 は 160 MFLOPS だった。現在は 10^{15} 回/秒以上である PFLOPS の桁で開発競争が行われている。光が 0.3 マイクロメートル以下しか進まないうちに，1 回の計算をしているのに相当するからすごい。ちなみに最初期の ENIAC は 300 FLOPS 程度にすぎない。

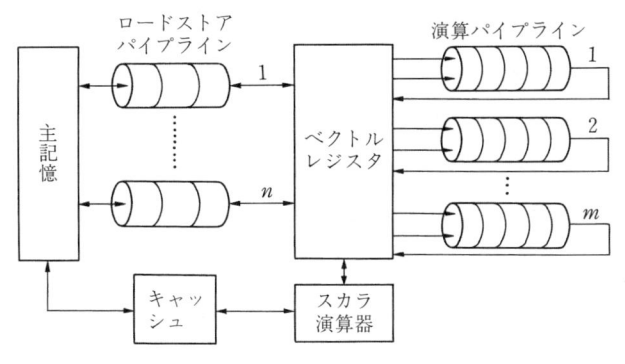

6.5 コンピュータのハードウェア

（a） ベクトルコンピュータの構成

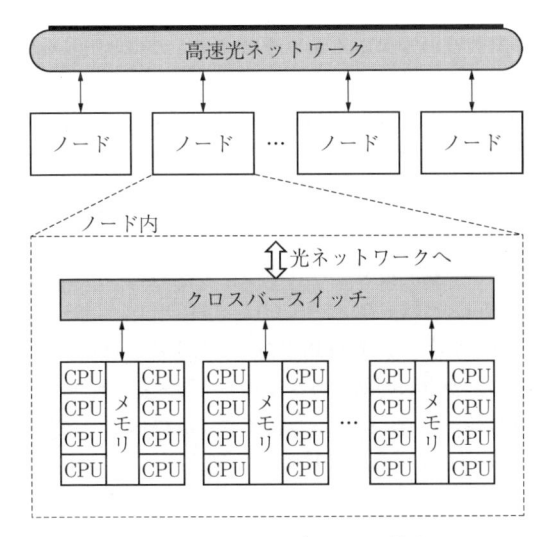

（b） 超並列コンピュータの構成

図 6.15 スーパーコンピュータの方式

このようなスーパーコンピュータは，例えば3次元流体力学の偏微分方程式を解く問題などによく使用される．天気予報や，空気抵抗を考慮した自動車の設計などである．また，タンパク質の構造解析や，分子レベルでの薬品の開発など，生物学・医学・薬学分野で利用も活発になっている．3次元の $1\,000 \times 1\,000 \times 1\,000$ 程度の配列なら，点の数だけで10億個もある．その上で多数回の演算を行って，しかも解が時間的に変化していく過程を追わなければならな

い。きわめて高い計算能力を要する問題は，まだまだたくさんある。

なお，**グリッドコンピューティング**（grid computing）という手法も利用されている。専用のスーパーコンピュータを用いるのではなく，ネットワーク上にある多数のコンピュータの余っている計算能力を利用して，大きな計算を細かく分割して分担させる方法である。安価に高い計算能力を得られるとされている。

演 習 問 題

6.1 2変数の論理関数はいくつあるか。そのすべての真理値表を作ることができるか。

6.2 「A ならば B」という論理を，$A \Rightarrow B$ と書くことにしよう。その真理値表を作ってみよ。注意しなければならないのは，$A \Rightarrow B$ と $B \Rightarrow A$ とが異なっていないといけないから，A と B に関して対称的な論理関数にしてはいけないことである。また当然，A と B の両方の値に依存する関数でないといけない。$A=0$ のときにどう定義するかをよく考えなければならない。

6.3 分配法則 $A+B \cdot C = (A+B) \cdot (A+C)$ を証明せよ。

6.4 図6.8（b）の回路が，XOR回路であることを真理値表で確かめよ。

6.5 図6.9の回路が，多数決回路であることを真理値表で確かめよ。

6.6 ベクトルコンピュータで，ベクトル化できる計算は，ベクトル化できない計算に比べて，10倍高速だとする。計算のうち90％をベクトル化できるプログラムは，ベクトル化をまったく行えないプログラムに比べて，どの程度高速に実行できるだろうか。

7 システムとしてのコンピュータ

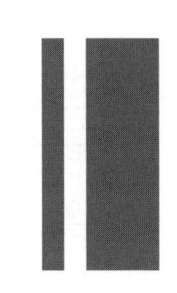

コンピュータは，ハードウェアとソフトウェアとが一体となって，システムとして有機的に機能している。実用のコンピュータシステムの設計には，非常に多くの人々が関与している。そのようなシステムとしての工夫と，オペレーティングシステムという基本ソフトウェアについて考える。

7.1 コンピュータのシステム設計

7.1.1 バスとインタフェース

コンピュータのハードウェアは順序回路の集合体である。CPU は順序回路だが，さまざまな周辺装置もすべて順序回路として設計されている。それらが集まって，その上でソフトウェアが動く**システム**（system）として機能している。システムとしての工夫には独特の考え方がある。

バス（bus）という考え方がわかると，コンピュータのシステム設計というものが少し理解できてくるだろう。バスとは，信号線の集まりであり，さまざまな周辺装置などが接続されている共通線のことである。ここでは，最も単純な形として，図 7.1 のように，CPU もメモリも周辺装置も，すべて 1 本のバスにつながっているとしよう（実際には数種類のバスをもつコンピュータがほとんどである）。

バスは，データ線とアドレス線と制御線からなっている。ただの電線の集合である。バスにつながれている機器は，共通規格で設計された**インタフェース**（interface）と呼ばれる回路で接続されていて，データはすべて，インタフェ

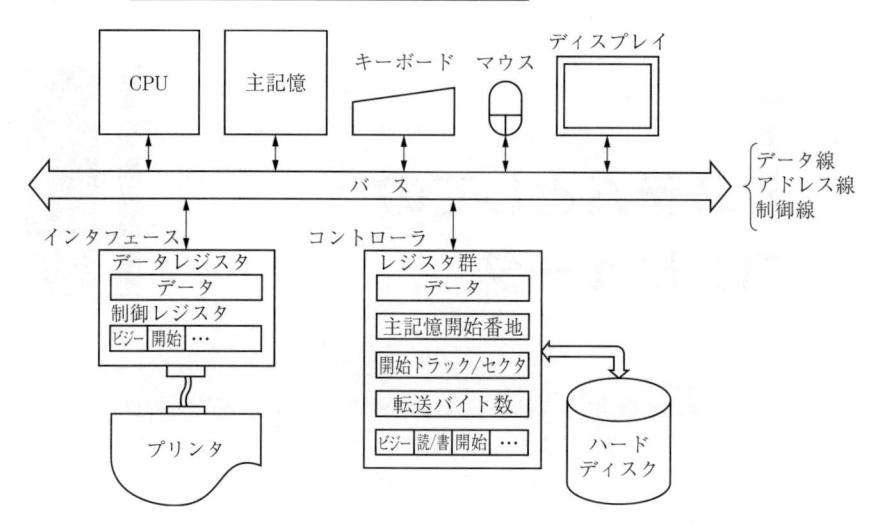

図7.1 バス構成のコンピュータシステム

ース回路内のレジスタで受け渡しをするように作られている。

　バスの規格をきちんと標準化しておけば，どこのメーカの作った機器でも接続できる。規格を標準化するのは，優れたシステム設計法である。図の装置だけでなく，各種の周辺装置がすべてバスに接続される。

　各機器のレジスタは，すべて異なる番地がつけられている。その番地さえ指定すれば，主記憶装置と同じように，レジスタの読み書きを行える。ここでは，主記憶もバスにつながれているとしたので，それらの番地は，主記憶の番地とも異なる値をもっているとする。

　例えば，プリンタに1文字書かせたいとする。CPUはまず，プリンタの制御レジスタの番地を指定して，プリンタが利用可能かどうかを調べる。制御レジスタにある「ビジー」のビットが0かどうかを読めばよいだけである。プリンタ側の回路は，プリンタが空いているかどうかを，ビジービットの値として書いておくように設計してある。制御レジスタのそのビットが0ならプリンタは空いているし，1ならまだ印刷中だ。

　プリンタが空いていることがわかれば，CPUはプリンタのデータレジスタの番地を指定して，印刷すべき文字のデータを送る。そして次に，プリンタの

制御レジスタにある「開始」せよというビットに1を書き込む．その結果，プリンタはビジーのビットを1に変え，データレジスタの内容を印刷し始める．

このようにして，バスに接続された機器のどれであろうと，そのレジスタの番地さえ指定すれば，CPU側から仕事をさせることができる．

ハードディスクの制御はもう少し複雑である．ハードディスクは，主記憶との間で，CPUの助けを借りずにデータを読み書きする回路を備えている．**DMA**（direct memory access）という機能である．そのインタフェースは**コントローラ**（controller）と呼ばれることが多い．

CPUからの制御は，プリンタを制御するのと同様である．まずディスクが利用可能かどうかを調べ，（1）データを転送する主記憶側の開始番地，（2）ディスク側の開始トラックとセクタ，（3）転送すべきバイト数などを，コントローラのレジスタにセットする．そして，読み書きのどちらかを指定して，開始信号を制御レジスタに書き込む．ディスク側は，指定されたバイト数のデータを，主記憶との間で自動的に転送する．そして全動作が終了してから，それをCPU側に知らせる．このようにすれば，大量のデータを読み書きするときでも，CPUにあまり負荷をかけずに実行できる．

7.1.2　割り込みという機能

コンピュータシステムに関して，優れた概念だが，理解しにくいものに**割り込み**（interrupt）という概念がある．コンピュータ分野では，サブルーチンと並ぶほどの発明とみなされている．

例えば，CPUがディスクに，「データを主記憶に送れ」という仕事を依頼したとしよう．ディスクの仕事が終わって，主記憶にデータが用意されたことをCPUが知るには，どういう方法を用いたらよいだろうか．

CPUとディスクでは，そのスピードが大きく異なることを，われわれはすでに知っている．例えば，CPUは1ナノ秒以下だが，ディスクは10ミリ秒といった単位であり，非常に大きな差がある．しかも，ディスクは何メガバイトものデータを一括して読み書きするかもしれない．

CPU 側が，1 000 回に 1 回の命令実行で，ディスクの状態を調べにいったとしても，場合によっては，何千万回も調べにいくことになりかねない。それではきわめて能率が悪い。そこで，データ転送が終わったことを，ディスク側から CPU に知らせ，CPU はそれを知るまでは，他の仕事をしているという方式が望まれる。このための仕組みが割り込みである。

割り込みの仕組みとして，図 7.2 に示すように，バスには割り込みのための信号線が設けられている。制御線の一種である。そして，ディスクは仕事が終わったときに，割り込み信号をバスに発する。その割り込み信号は，CPU によって受信される。割り込み信号を受けたとき，CPU はおそらく他の仕事をしていたであろう。しかし，その仕事を中断して，CPU はディスク用の**割り込み処理ルーチン**（interrupt service routine）を実行し始める。

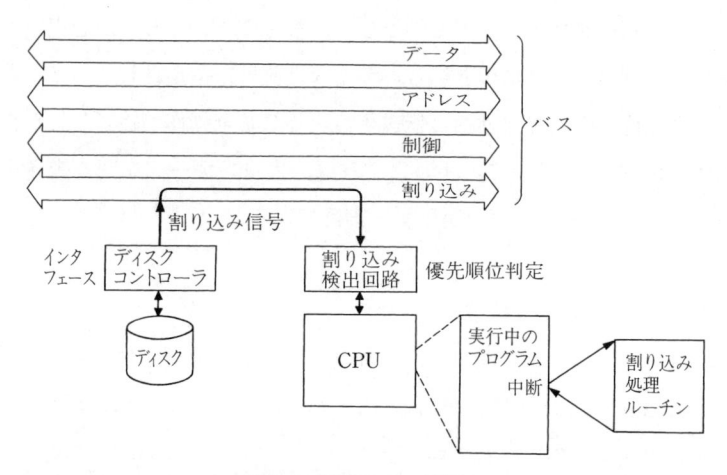

図 7.2　割り込みの仕組み

その割り込み処理ルーチンでは，ディスクが正常にデータを転送し終わったかなどを調べる処理を行う。CPU 側でディスクの読み書きを指令したプログラムは，中断されて待っていたはずだから，やがてその中断されたプログラムの実行へと戻ってくる。

サブルーチンとよく似ている印象を受けるだろうが，かなり異なる。割り込みがいつ起こるかは，プログラム内には書かれていない。突然，プログラムが

中断されて，別の仕事に移るわけだ。また，割り込んできた処理が終わったからといって，すぐ元のプログラムに戻るとはかぎらない（7.3.2項のマルチタスクを参照）。いつかやがて戻るというだけで，割り込みによって始まった仕事から，またさらに別の仕事へと移っていくこともある。

割り込みには**優先順位**（priority）がある。優先順位の高い割り込みを処理しているときに，優先順位の低い割り込みがやってきても，低い方は待たせておく。例えば，コンピュータの電源回路に，電源異常を検出する回路がついていたとして，もしそこが割り込み信号を発生したとしたら，最優先で処理されるわけである。停電が起こって，電源が切れてしまわない瞬時のうちに，最低限必要なデータをディスクなどに待避する。

割り込みという機能があると，たくさんの周辺装置があったとしても，管理するのが容易になる。また，ソフトウェアからの割り込みというのもある。この章で後述するように，たくさんのプログラムを同時に走らせているかのような管理を行うことが可能になる。

各機器やプログラムに関する処理は，割り込み処理ルーチンという個別の形にまとめて，独立させる。周辺装置やプログラムの側からは，どの処理をしてほしいかというデータをつけて，処理の要求を出してくる。

このようにすると，非常に多くの装置やプログラムを単純な仕組みで扱うことができ，他の方式に比べて，ずっと柔軟なプログラムを作りやすくなる。統一的な方法で対処できる。そういう点で，大発明である。ただ，この方式を理解して，完全に使いこなすには，かなり上級のプログラマの域に達しなければならない。

7.1.3 記憶の階層（1）── キャッシュメモリ

コンピュータシステムにおける，もうひとつの優れた発明は，**記憶階層**（memory hierarchy）である。

一般に，高速で読み書きできるメモリは高価であり，コストを考えると，少量しか使うことができない。一方，低速のメモリは安価であり，大量に使って

も大丈夫だ。

　高価で高速のメモリから，安価で低速のメモリまでを，うまく組み合わせる。そして，全体としては，高速メモリに近いスピードで動作させ，しかもコストを低速メモリ並みに安く抑えようというのが，記憶階層の考え方である。

　そんなことができるのだろうか。じつは，情報処理におけるある特性を利用すれば可能になる。

　プログラムというものをすでに見てきたが，プログラムでは，1つの命令を実行したら，すぐ次の命令か，比較的近くの命令を実行する場合が非常に多い。また，プログラムの同じ部分を，何度もループして通るという処理も頻繁に起こる。プログラムには，**局所性**（locality）があるわけだ。プログラムの実行は，一般に局所的な部分を集中して実行することが多く，遠く離れたところをとびとびに実行することはかなり少ないと想定できる。

　同様なことが，データについてもいえる。ある1つのデータを処理したら，次はそのすぐ近くのデータを処理する傾向があるとみなせるわけだ。

　このような局所性に注目して，記憶階層を積極的に活用する方式が，コンピュータシステムでは普通に採用されている。利用者が階層をまったく意識せずに，大量の高速メモリがあるかのように見せかける方式だ。

　図7.3に示すのは，**キャッシュメモリ**（cache memory）である。キャッシュというのは一時貯蔵所という意味だ。小容量の高速メモリで，CPUと主記

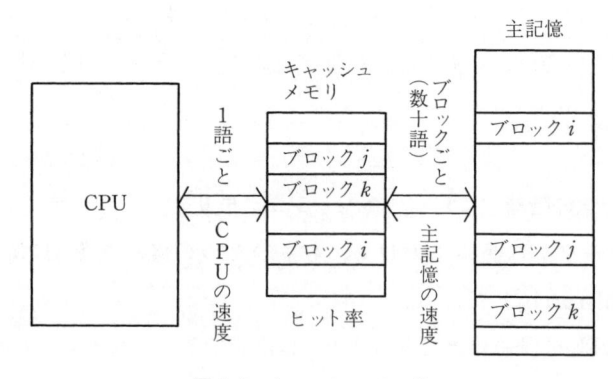

図7.3　キャッシュメモリ

憶装置との間に置かれる。高速の SRAM で作られている。

　CPU のスピードに比べて，DRAM で作られた主記憶のスピードは，1桁程度以上遅い。そこで，主記憶のどこかの番地を読む際に，そのデータと近隣のデータ数十語程度をまとめた**ブロック**（block）という単位で，キャッシュメモリに自動的に移す。そういう仕組みがハードウェアに備えられている。

　一度アクセスしたデータ（あるいは命令）は，間もなく再びアクセスされる確率が高い。またその近隣のデータ（あるいは命令）もアクセスされる確率が高い。一気にキャッシュに転送しておくと，以後は高速にアクセスでき，CPU のスピードとマッチさせることが可能になる。

　データやプログラムがキャッシュメモリに存在する確率を，**ヒット率**（hit ratio）という。この工夫を取り入れると，一般には，90％以上といったヒット率で，主記憶へのアクセスがキャッシュメモリでまかなえるようになる。

　例えば，キャッシュの読み書きが1ナノ秒，主記憶が10ナノ秒で，ヒット率が90％の場合，

$$1 \times 0.9 + 10 \times 0.1 = 1.9 〔ナノ秒〕$$

である。もしキャッシュがなければ，主記憶の速度である10ナノ秒でしか CPU は動けない。したがって，キャッシュを導入することで，5倍以上の性能向上を行えたことになる。しかも，コンピュータの利用者は，キャッシュメモリをまったく意識しなくてよい。コストを低く抑えて，かつ利用者が手間をかけることなく，システムの等価的な性能を大幅に向上させているのである。

　なお，キャッシュメモリは小容量なので，しばしばキャッシュ側には空きがない。そのときは，最近使っていないブロックを追い出す **LRU**（least recently used）などのアルゴリズムで，ブロックの入れ替えが行われる。

　また，1次キャッシュと2次キャッシュを用いるなど，複数階層のキャッシュメモリの使用も一般的となっている。

7.1.4　記憶の階層（2）—— 仮想記憶

　主記憶装置とハードディスク装置の間には，**仮想記憶**（virtual memory）

という方式が採用される。この方式を用いれば，主記憶の空間を，等価的にきわめて大容量なものに広げることができる。

仮想記憶という工夫は，主として，プログラムを作りやすくするために考案された。大きなプログラムやデータなどが，主記憶に入りきらないとき，プログラムを書くのが非常に面倒になる。かつては，主記憶容量の制限のために，実行の途中でプログラムやデータを入れ替える操作を，いちいちプログラムで書いていた。とても骨が折れるし，主記憶容量の異なるコンピュータをすべて考慮して，高度なプログラムを書かなければならなかった。

仮想記憶システムでは，ハードディスクに大きなメモリ空間を確保する。そのメモリ空間は，番地を指定すればアクセスできるように，特別な管理プログラムで管理されている。もしアクセスしたいデータが主記憶になければ，**図 7.4** のように，ハードディスクの中から，数キロバイト程度のページという単位で，一括して主記憶に自動的にロードする。**ページング**（paging）という操作である。データやプログラムには局所性が存在するので，これによって，ほぼ主記憶に近いスピードで，大量のメモリ空間を使用できる。

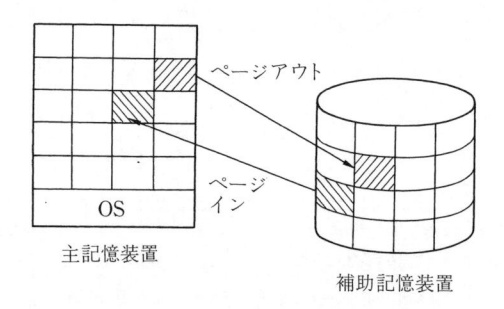

図 7.4 仮想記憶におけるページング

仮想記憶は，次の節で述べるオペレーティングシステム（OS）という基本ソフトウェア中で管理されている。キャッシュメモリがハードウェアで管理されているのに比べて，こちらはソフトウェアで管理されているわけである。

この記憶階層においても，必要なデータを一括してより高速なメモリへ移し，使用頻度の下がったデータと入れ替えることによって，全体としてのシス

テム効率を向上させる。記憶階層では，高速メモリ側のデータが書き換えられたとき，低速メモリ側のデータをどのように書き換えるかなどについて，種々の工夫がなされている。

このような記憶階層の考え方は，その他にもコンピュータシステムでさまざまに利用されている。ディスクキャッシュとして，ハードディスクなどのキャッシュ用に半導体メモリが使用されることがある。また，大量文書などの保管用として，超大容量の**アーカイバルメモリ**（archival memory）を使用し，そのデータのキャッシュとしてハードディスクを用いる方式などが実用される。

7.2 オペレーティングシステム

7.2.1 オペレーティングシステムとはなにか

コンピュータは，**オペレーティングシステム**（operating system）すなわち**OS**という基本ソフトウェアを介して，利用するのが一般的である。オペレーティングシステムとそれに付随するソフトウェアを総称して，**システムソフトウェア**（system software）ともいう。

ごく初期のオペレーティングシステムは，**モニタ**（monitor）と呼ばれた。かつては高価な1台のコンピュータを多数の利用者が使用していたため，できるだけ効率的にコンピュータを運用したいという要求が強かった。

CPUの使用料が，1秒当たり1000円とか1万円というコンピュータで，プログラムを入力（当時は紙テープや紙カード入力だった）する手作業の無駄時間がきわめて大きかった。例えば，1分間の計算をさせるために，その準備に5分かかるなどである。

そこで，コンピュータを効率的に利用するために，処理すべきプログラムをどんどん入力しながら，自動的に次々に走らせるという，管理ソフトウェアが作られた。それがモニタであり，1950年代半ば以後のことである。その目標は，システムの効率を向上させることと，システムの各種装置やソフトウェアの管理だった。工学的にはもっともな目標である。

しかし，オペレーティングシステムという概念は，時とともに拡大していった。現在のパソコン用 OS は，効率の向上を前面に出しているとはいえない。むしろ，コンピュータの使いやすさを最重視する方向に変わった。通信機能や検索機能などが重視され，もとはオペレーティングシステムの担当する機能でなかったものが，その主要な役割となっている。

現在は，大型コンピュータ用の OS よりも，パソコンなどの OS が中心的存在となっている。また，サーバ用には，**オープンソースソフトウェア**（open source software）と呼ばれて，ソースコードを公開した無償の OS が広く浸透している。さらに，携帯機器や家電製品，産業機器などには，ROM で提供される**組み込み OS**（embedded OS）も用いられる。

7.2.2 オペレーティングシステムの役割

オペレーティングシステムの役割をまとめると，歴史的には，

（1）　**スループット**（throughput）の向上
（2）　**資源**（resource）の管理
（3）　信頼性の向上
（4）　ハードウェアの差異の吸収や仮想化
（5）　並行処理
（6）　使いやすさの向上
（7）　情報通信への対応

などさまざまなものをあげることができる。マルチメディアの処理や，高度な検索機能を提供することなども，パソコン用 OS では重要な役割とみなされている。ここで，スループットというのは，コンピュータがシステムとして処理できる処理能力のことだ。単位時間にいくつの仕事を処理できるかとか，いくつの通信処理をこなせるかといった数値で表示する。多数の人で共用する大型コンピュータなどで重視される概念である。

資源というのは，メモリや周辺装置などのハードウェア資源と，さまざまなプログラムやデータなどのソフトウェア資源に分かれる。ディスクやその中の

ファイルを管理したり，アクセス手段を提供することは，オペレーティングシステムに必須の役割である。

また，**RAS**(ラス)という言葉がある。**信頼性**（reliability），**可用性**（availability），**保守性**（serviceability）を一括した言葉だ。われわれが書いたプログラムを，オペレーティングシステムのないコンピュータで走らせたりしたら，すぐ暴走してしまって，ハードディスクのファイルをすべて壊すかもしれない。信頼性など確保できないだろう。オペレーティングシステムが存在することにより，ファイルなどが守られ，信頼性が向上しているのである。

オペレーティングシステムは，ディスクの読み書き時などに起こるデータエラーを検出して，誤り訂正や再試行などで対処する。それ以外に，できるだけコンピュータを利用可能な時間を長くするようにしたり，障害の検出や修復などを容易にして，保守性を向上させている。

銀行のコンピュータなど，大規模できわめて高い信頼性を要するシステムでは，RAS はきわめて重要な概念である。さらに，データを壊さないための**保全性**（integrity），犯罪や災害などに対処するための機密性すなわち**セキュリティ**（security）機能を含めて，**RASIS**(レイシス)という言葉も用いられる。

また，ハードウェアの差異をオペレーティングシステムで吸収すれば，どんなコンピュータ上でも，同じプログラムを実行することができる。仮想記憶などと同様に，**仮想化**（virtualization）と呼べる機能の一種である。近年は，1つの OS 上で別の OS を稼働させる仮想化も，重要な機能だと考えられている。

さらに，並行処理という機能が，オペレーティングシステムの提供する機能として非常に重要なものであって，7.3 節で述べる。かつてのコンピュータの基本方式の欠点は，1 個の CPU で 1 つのプログラムを処理するだけで，同時に複数のものが動いているという世界を対象にしにくいことだった。OS が果たす重要な機能として，1 つの CPU で，複数の仕事を同時に実行しているように見せかけるという機能がある。

そして，オペレーティングシステムが進歩するとともに，最も重視されるようになったのが，コンピュータを使いやすくするヒューマンインタフェースの

改善だった。**グラフィカルユーザインタフェース**（graphical user interface, **GUI**）を用いたマルチウィンドウシステムが，OSで基本となっている。

さらに，情報通信への対応が重視されるようになって，1990年代半ば以後は，パソコン用OSの位置づけは様変わりしたといえる。Webブラウザの提供，音楽・映像再生などマルチメディア機能の付与，高度な検索機能や人工知能的な機能など，より応用ソフトウェア寄りのさまざまな機能が，OSに取り込まれるようになった。また，今後のOSは，コンピュータの内部と，外部のネットワークとの境界をなくすことを主要な役割とするだろう。

7.2.3 オペレーティングシステムの構造

オペレーティングシステムの構造を，ごく概念的に書けば，図7.5のように，階層的な構成となっている。もっと細かい階層として示されることもあるが，ここでは概略である。階層的な構成をとるのは，データ通信のプロトコルとも似かよっている。OSによっては，用語が異なることがあるが，図は従来からの教科書用語で表現している。

```
アプリケーションプログラム
〜〜〜〜〜〜〜〜〜〜〜〜〜〜
Webブラウザ，マルチメディア再生
セキュリティ，検索，日本語など
サービスプログラム
ミドルウェア
――――――――――――
ジョブ管理
通信管理
ファイル管理
入出力管理
――――――――――――
プロセス管理
記憶管理
ハードウェア管理
核
```

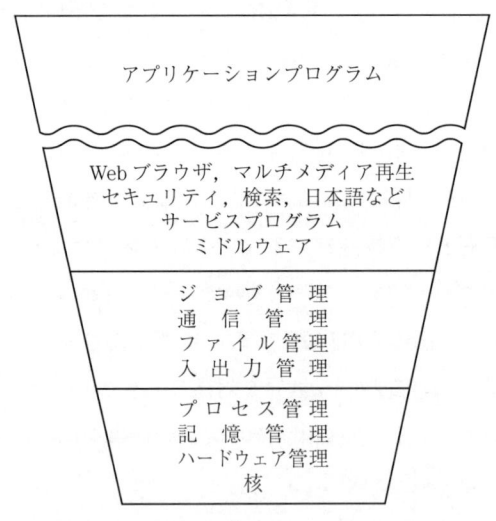

図7.5　オペレーティングシステムの階層構造

最下層はハードウェアに最も近い部分で，その最下部を，**核**あるいは**カーネル**（kernel）と呼ぶ。この階層は，ハードウェア管理などを担当している。周辺装置のレジスタへアクセスし，それらの装置を制御する仕事などである。割り込みによって割り込み処理ルーチンを動かす。各種の周辺装置には，その制御のためのデバイスドライバが OS に組み込まれている。

異なるアーキテクチャのコンピュータに OS を**移植**（transplant）するには，カーネルとその周辺を書き換えればよい。OS がきちんと階層構成をとっていれば，このような面倒な作業が大幅に軽減される。階層的設計は工学的に重要な考え方である。UNIX 系などオープンソースソフトウェアの OS は移植しやすいとされる。

それより上にはさまざまな管理機能がある。割り込みで動く単位の処理を，オペレーティングシステムでは**プロセス**（process）と呼ぶことが多い。7.3 節で述べる並行処理機能を実現するために，ソフトウェアも割り込みで起動するように統一されており，OS で管理されている。

さらに階層を 1 つ上がると，ファイルなど論理的な概念によって，資源を扱う機能が提供されている。1 つのプログラムを最初から最後まで走らせる仕事を**ジョブ**（job）と呼ぶが，そのような単位での管理が行われる。

じつは，いかにもオペレーティングシステムらしいのは，この階層までである。OS は各社で独自に開発されているため，その階層構造は，通信のプロトコルほど厳密なものではない。しかし，この 2 段の階層は OS の機能として必須である。

そして，次の 3 段目の階層は，**ミドルウェア**（middleware）と呼ばれるソフトウェアなど，各種のサービスプログラムが位置づけられる。この階層には，かつてはコンパイラやエディタなどがあった。しかし近年は，OS とアプリケーションとの中間とみなされる多数のソフトウェア群からなっている。

ミドルウェアの範囲は広い。コードやプロトコルの違いを吸収する機能などでこのレベルに属しているものもあれば，セキュリティ機能や高速検索やかな漢字変換機能を提供したり，Web ブラウザ，マルチメディアの再生・編集と

いったアプリケーションプログラムに近いものもある。OS本体と異なるメーカによる製品も多いため、アプリケーションプログラムとの境界はあいまいである。

7.2.4 オペレーティングシステムの管理機能

オペレーティングシステムは、コンピュータのハードウェアとソフトウェアのすべてを管理している。

大型コンピュータでは、1970年代には高度に完成したオペレーティングシステムが用いられた。パソコンの場合は、ハードウェアの性能が低かったため、OSの高度化は遅れた。広く普及したのは、1990年代半ば以降である。

代表的な管理機能を、下記にまとめる。3大機能といってよいものである。

（1） **記憶管理**（memory management）　オペレーティングシステムが行う記憶管理は、仮想記憶だけではない。例えば、オペレーティングシステムが用いる主記憶領域は、**記憶保護**（memory protection）がかけられており、利用者が破壊できないようになっている。

また、さまざまなプログラムを動かすときに、それぞれに必要な主記憶領域を割り当てる。そして、その実行が終わったときに領域を解放する。プログラムの実行は、すべてオペレーティングシステムが管理することにより、他のプログラムやデータが破壊されたり、実行できなくなるのを極力防いでいる。きわめて重要な機能である。

（2） **ファイル管理**（file management）　ファイルを扱う手段を提供しているのは、オペレーティングシステムである。磁気ディスクのデータは、セクタという単位で蓄積されているが、それらをファイルという単位にまとめ、容易にアクセスできる手段を提供するのが、ファイル管理である。

ファイルの名前、そのサイズ、作成された日時、そして利用者には見えないが、それが実際に格納されている場所などは、**ディレクトリ**（directory）と呼ぶ形式で、補助記憶装置の管理用データとして書き込まれている。階層構造をとっており、**ルートディレクトリ**（root directory）から階層をたどってい

くことにより，個々のファイルにまで到達する。ディレクトリは，**フォルダ**（folder）という親しみやすい名称でも呼ばれる。

プログラミングを行う際は，ファイルの内部構造を知っている必要がある。そんなに難しいものではない。代表的なものを**図 7.6**に示す。

レコード1	レコード2	レコード3		レコードn	
おはよう ⏎	こんにちは ⏎	どうぞよろしく ⏎	・・・・・・・・・・・・・・・	ハロー ⏎	EOF

（a）逐次ファイル（可変長レコード）

レコード1	レコード2	レコード3		レコードn
住所1・氏名1	住所2・氏名2	住所3・氏名3	・・・・・・・・・・・・・・・	住所n・氏名n

（b）ランダムファイル（固定長レコード）

図 7.6　ファイルの構成

改行コードを用いて，文字コードを**レコード**（record）という単位に区切って記録したファイルを，**逐次ファイル**（sequential file）という（図 7.6（a））。一般に，レコードごとに長さが異なる可変長レコードであるため，前から順に読んでいく方法しか提供しない。そのファイルは，文章のみを蓄積する**テキストファイル**（text file）として扱われる。ファイルの最後にのみ，EOF（end of file）というコードが書かれている。そのコードは一般に（1A）$_{16}$である。

テキストファイルの一種である**CSV**（commma separated values）ファイルは，表計算ソフトなどで，行ごとに複数のデータ間を単にコンマで区切った形式であり，データ保存の際に広く用いられる。

一方，図 7.6（b）のように固定長レコードのファイルにしておくと，**ランダムファイル**（random file）として，ファイルの途中のレコードにも一気にアクセスする手段を提供できる。ファイルの内容を，単に0と1の並びとみなす**バイナリファイル**（binary file）として扱える。

バイナリファイルは，プログラム側でファイルの内部構造を把握していれば，任意のデータを任意の形式で読み書きできる。途中にEOFのコードが出

てきても終了しない。一方，逐次ファイルは，途中に EOF があると，それ以後は読んでくれないので注意が必要である。

また，プリンタやキーボードなどの入出力装置も，ファイルの一種だと考えて扱うオペレーティングシステムもある。キーボードは入力専用の逐次ファイルであり，プリンタは出力専用の逐次ファイルだというわけである。このようにみなすと，入出力の取り扱いがすっきりする。

（3） **プロセス管理**（process management）　現在では，パソコン用の OS でも，本格的なプロセス管理が一般化した。マルチウィンドウで複数の仕事を並行して行ったり，注目するウィンドウをマウス操作で切り替えたり，プリンタで印刷しながら別の仕事を行うなど，コンピュータの使い勝手と効率の向上に貢献している。1台のコンピュータを複数の人が同時に使えるようにするにも，必須の管理機能である。次節で詳述する。

7.3　並　行　処　理

7.3.1　並行処理によるプログラムの実行

コンピュータの基本形は，CPU が 1 台あって，その CPU を使って情報処理を行うことである。プログラムは 1 命令ずつ順に動く。これがプログラム内蔵式コンピュータの基本動作である。

このようなコンピュータは，**逐次処理**（serial processing）が得意である。1つずつ順に計算していくというプログラムは書きやすい。しかし，複数のことがらに同時に対処する情報処理は，かなり工夫しないと実行しにくい。

例えば，ワープロソフトを使って文章を書きながら，電子メールが届くのを待っている状況を考えよう。ワープロソフトと通信ソフトが別々に作られたものだったとしたら，たがいに他のプログラムのことを考慮していない。あるいは，世の中にはさまざまなソフトウェアがあるから，特定のワープロソフトが，他のすべてのソフトウェアを考慮することは通常は困難である。

昔のオペレーティングシステムでは，利用者がときどきワープロソフトを終

了して，いちいち通信ソフトを起動し，電子メールが届いているかどうかをチェックしなければならなかった。これでは不便である。そこで，複数のソフトウェアを同時に使うことができる仕組みが，OSに組み込まれるようになった。複数のウィンドウを開いておいて，ワープロソフトと通信ソフトを同時に利用するわけだ。

　1台のCPUを使って，あたかも同時に複数の仕事をしているかのように見せかける処理を，**並行処理**（concurrent processing）という。それに対して，複数の演算処理ユニットを使って，それらを実際に同時に動かして行う処理を，**並列処理**（parallel processing）という。これらの言葉は混同して使われることもある。また，CPUを複数搭載したマルチコアのマイクロプロセッサが一般化したので，実際に並列処理であることも普通になっている。

　並行処理機能は，現代的なオペレーティングシステムの技術として，広く採用されている。コンピュータの使いやすさを高め，効率を向上させるための実用技術である。

　並行処理を実現するために，7.1.2項で述べた割り込みという機能が役に立つ。キーボードから文字の入力があるたびに，そのインタフェース回路から割り込み信号が発生する。例えばワープロソフトを使用中なら，その割り込み信号に従って，ワープロソフトが動く。またそのとき，通信線のインタフェース回路から割り込み信号が発生した場合，通信ソフトが背後で起動されて，その受信などを行う。たとえ1台のCPUだったとしても，コンピュータは優先順位を判定しつつ，高速に切り替えを行って処理しているのである。

　割り込みは，ハードウェアでの使用にとどまらず，プログラムでも広範に使用される。それを**システムコール**（system call）などという。システムコールによって，オペレーティングシステムの機能を呼び出す。

　サブルーチンをたくさん集めたものをライブラリと呼ぶが，システムコールは，サブルーチン群とともに，割り込み処理ルーチンを多数集めたものである。オペレーティングシステムが提供している。この方式によって，ハードウェアに対する処理と統一性をもたせることができる。

7.3.2 マルチプログラミングとマルチタスク

大型コンピュータでは，多数の利用者のプログラムをあたかも同時に処理しているかのように走らせて，その計算能力を有効に活用してきた。元来，大型コンピュータ用のオペレーティングシステムにおいて，コンピュータのスループットを向上させる目的で考案されたのが，**マルチプログラミング**（multi-programming）である。**多重プログラミング**ともいう。異なる複数のプログラムを，細かく切り替えながら実行させる。

オペレーティングシステムのもとでは，利用者が依頼した1つのプログラムの実行など，ひとまとまりの処理の単位を，ジョブと呼ぶ。初期のモニタでは，ジョブを1つずつ順に実行しているだけだった。

しかし，1つのジョブから入出力処理などの依頼が来ると，その仕事は周辺装置に任せ，その間はCPUが待たされる。入出力装置の動作は遅いので，CPUから見るとかなり時間がかかる。そこで，図7.7のように，ジョブAが入出力処理の依頼を発したら，その間にジョブBを走らせることにする。ジョブBがまた入出力処理を要求したら，さらに別のジョブCを走らせるなど，多数のプログラムを切り替えながら実行できるようにする。それがマルチプログラミングという方式である。

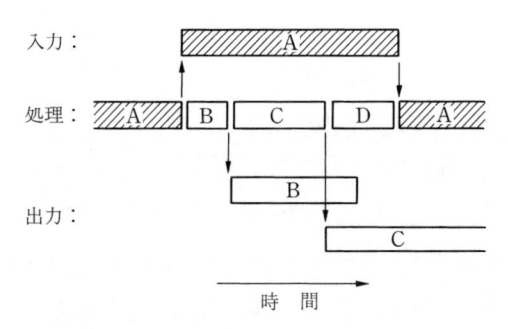

図7.7 マルチプログラミングの概念図

ジョブは，さらに細かい単位に分かれているとして，その実行を制御する。その単位がプロセスであり，**タスク**（task）という言葉を用いることもある。複数のタスクを並行処理する方式を，**マルチタスク**（multitask）や**マルチプ**

ロセス（multiprocess）という。入出力処理など，オペレーティングシステムが細かく分けている個々の仕事がタスクである。

なお，オペレーティングシステムによって用語が異なり，実行中の個々のまとまったプログラム自体をプロセスと呼ぶOSもある。ジョブに相当するような概念である。そのようなOSでは，タスクに似た概念として，**スレッド**（thread）という言葉が使われる。

複数のウィンドウにおける仕事は，タイマからの割り込みで，10ミリ秒の桁といった単位の**タイムスライス**（time slice）で切り替えて実行される。利用者からはわからないような短時間での切り替えである。

複数のプログラムを切り替えながら走らせるマルチプロセスは，そのつどメモリやCPU内の状態を保存したり，復帰したりするため，余分な処理の**オーバヘッド**（overhead）を伴う。しかしながら，使いやすさや，システムの利用効率を向上させるなどの利点も大きい。単に待機しているだけのプロセスには制御を移す必要がないので，オーバヘッドがあまり大きくない場合も多い。

なお，プロセスが複数のスレッドを生成して動作する**マルチスレッド**（multithread）方式の場合，プロセスとスレッドの制御の仕組みは似通っている。ただ，スレッドは，メモリなどの資源をいちいちコピーしないで使用するため，スレッド間の切り替えの方がプロセスより簡単である。

7.3.3 スケジューリングと相互排除

プロセスやスレッドの切り替えは，オペレーティングシステム内の**スケジューラ**（scheduler）による**スケジューリング**（scheduling）に基づいて行われる。CPUの割り付けは**ディスパッチャ**（dispatcher）というプログラムが行う。

タイムスライスごとに機械的に順に切り替えるのを，**ラウンドロビン**（round robin）方式という。一方，割り込みの優先順位に基づくスケジューリングが併用される。優先順位は通常は数十程度にレベル分けされており，一般に電源障害が最も高い（パソコンなど未使用のコンピュータもある）。上位に

は，クロックからの割り込みや，ハードウェアからの割り込みが来る．下位がソフトウェア割り込みである．

実行すべきスレッドは，優先度に対応した**キュー**（queue）の最後尾に入れられる（図7.8）．キューとは待ち行列という意味であり，**先入れ先出し**（first-in, first-out, **FIFO**）の仕組みである．そして，優先度の高いキューの先頭から順に実行される．実行が終了したスレッドは，待機状態となる．

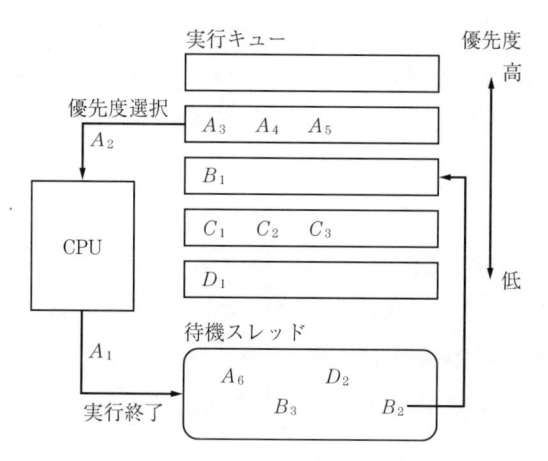

図7.8 スレッドのスケジューリング法

複数のプロセスやスレッドで資源を利用するとき，メモリなどで書き込みがかち合って，データが破壊されないように，**相互排除**（mutual exclusion）の管理が行われる．例えば，複数のスレッドが1台のプリンタを同時に使用したのでは，印刷内容が混ざってしまうので，そういった競合を避ける管理である．相互排除を厳密に行うには，CPUがそのための命令をもっていなければならない．このレベルの制御は，かなり高度な仕事である．1つの資源を使用するために，複数のプロセスが待ち状態になってしまい，永久にどちらも使用できない**デッドロック**（deadlock）を回避するなど，複雑な問題に対処しなければならない．

また，**プロセス間通信**（interprocess communication）や，**プロセス間同期**（interprocess synchronization）など，さまざまな機構が必要である．そ

の種の通信や同期は，近年はネットワークを介して分散型環境でも行われる。

7.4　大型コンピュータシステム

　大型コンピュータは，一般に**マルチユーザシステム**（multiuser system）として使われている。大型コンピュータのことを**メインフレーム**（mainframe）ともいう。

　大型コンピュータの最も古い利用形態は，**バッチ処理**（batch）と呼ばれる使い方である。一括処理ともいう。多くのジョブを入力しておき，それらを1つずつ処理していく。処理を依頼してから，結果が出るまでに，ある程度の時間がかかる。これを**ターンアラウンド時間**（turn around time）という。

　また大型コンピュータでは，時分割処理システム（time sharing system）あるいは TSS と呼ぶ使い方もある。利用者ごとに1台の端末装置に向かい，対話的（interactive）に，大型コンピュータの機能を分け合って使う。CPU時間を短いタイムスライスに分割している。

　一方，**オンラインシステム**（online system）という形態で，金融機関の業務用や，交通機関の座席予約システムなどが多数構築されている。**リアルタイム処理**（real time processing）の性能が要求されるため，決められた**応答時間**（response time）以内に処理がなされるように設計しなければならない。

　巨大なオンラインシステムの場合，その投資額は数千億円にものぼり，必要とするソフトウェアは数千万行にもなる。このようなシステム開発の産業規模は，パソコン産業に比べても，じつは非常に大きいのである。かつてはメインフレームを主とした構成で，特定のメーカが一括受注した。近年は，さまざまなメーカのハードウェアやソフトウェアを採用した**オープンシステム**（open system）で構成して，ネットワーク対応の分散型のサーバ群とする構成へと移行している。

　このようなオンラインシステムでは，システム障害やデータの破壊事故に対処するため，システムの二重化や多重化が行われることが多い。

2台のうち1台を予備機とする構成を，**デュプレックスシステム**（duplex system）という。予備機はふだんはバッチ処理などに用いる。一方，つねに2台で同じ処理をさせて，たがいに照合させる方式を，**デュアルシステム**（dual system）という。金融機関や座席予約システムなど，高い信頼性を要するシステムで採用する。

コンピュータシステムは，その他にもさまざまな用途で用いられており，ますますその応用分野を広げている。

演 習 問 題

7.1 バス方式では，多数の装置が1つのバスにつながって，データ転送を行う。バス方式にはどんな欠点が考えられるだろうか。

7.2 ディスプレイ画面に文字や画像を表示するには，そのために専用のメモリを設け，CPU側からそこに書き込む。ディスプレイコントローラはそのデータを，走査線の順に読んで，どんどんディスプレイに映像信号として送り出す。1 000×1 000のサイズの映像を，1秒間に30枚表示するとしたら，このメモリには，どのくらいのスピードでアクセスしないといけないだろうか。

7.3 2次元の配列データは，実際には1次元のメモリに納められている。例えば後の変数の値が先に変わり，a[1,1]，a[1,2]，…，a[1,n]，a[2,1]，a[2,2]，…，a[n,n] という順である。では，キャッシュメモリよりずっと大きな2次元配列を処理する際，どのような注意が必要だろうか。

7.4 今後のオペレーティングシステムに備えてほしい機能を，自由に考えてみよ。

7.5 割り込み処理ルーチンを走らせるとき，それが終わったら，元のプログラムに戻れるようにしなければならない。CPUはどのようにして，元の処理に戻るのかを考えてみよ。

7.6 プロセスAは資源aを排他的に使って処理を行っているときに，資源bが必要になった。一方，プロセスBは資源bを排他的に使って処理を行っているときに，資源aが必要になった。両プロセスは処理を遂行できるだろうか。もしできないなら，どのように改良すべきだろうか。

8 さまざまな情報処理

コンピュータはさまざまな情報処理に用いられている。本章では，まず大量のデータを蓄積するデータベースと，情報検索技術について述べる。次に，コンパイラでの言語情報処理の基本を説明するが，これはやや高度な話題である。また，コンピュータグラフィックスやシミュレーション技術についても紹介する。

8.1 データベースと情報検索

8.1.1 大量のデジタルデータ

現在のコンピュータは，パソコンでさえテラバイト（10^{12} バイト）台の情報をやすやすと蓄積できる。そのようなデータをうまく検索する技術が必要となっている。

コンピュータの扱う情報は，初期には数値データが主だった。やがて，文字データを扱えるようになり，現在は音響・映像情報などマルチメディアデータの取り扱いが普通である。

文字情報の場合，1年に1メガバイト書けば，2バイトコードで50万文字，原稿用紙1000枚以上に相当する。50年間書き続けて，50メガバイトほどである。一生かかっても，そのデータ量は，圧縮しない音楽の1曲分程度，圧縮しても10曲分程度にすぎない。

文字の時代に比べて，データ量は爆発的に増えている。しかも，世界中のWebページ数はギガの桁だ。**情報洪水**（information flood）の時代が到来し

ているといわれる。

大量情報のデータ量を概算してみると興味深い。日本全国の個人電話帳は，500メガバイト程度に圧縮できる。図書館の場合，本1冊の文字データに1メガバイトも要さないから，1億冊で100テラバイト未満にすぎない。これで世界最大の図書館を超える。ペタバイト（10^{15}バイト）級であれば，世界中の本の全ページを画像として保存できる。

大量の**個人情報**（personal information）が蓄積されることを懸念しなければならない時代でもある。10テラバイトの記憶装置に，日本人全員，1人当たり本1冊分の情報を圧縮することが可能だ。しかも，コンピュータに入れられた個人情報は，一生どこかで保管され続けると考えなければならない。

そういう問題点があることに注意しながらも，大量情報を存分に活用し，われわれの知的能力を増幅させる技術は，人類にとって長い間の夢だった。未来に新しい時代を予感させる技術であるはずだと期待されている。

8.1.2 データベースとはなにか

ワープロなどには，文書中の語句を見つける機能がある。1つの文書全体を対象にして，パソコンに全文を探させても，ごく短い時間で可能だ。個人の小さなデータならこれでもさしつかえないが，大量のデータならもっと組織的に行いたい。

データベース（database）とは，大量のデータを，有機的に利用できるように作成して，**検索**（retrieve）や**更新**（update）などの機能を提供するシステムである。データとのインタフェースとして，**図8.1**のように，**データベース管理システム**（database management system，**DBMS**）があり，下記のような管理機能などを担当する。

（1）**データとプログラムの独立性**　単なるファイルの場合には，利用法が限定される。そのファイルを処理するプログラムが限定されていて，他の目的には利用しにくい。

一方，データベースの場合には，データベース管理システムを介して，さま

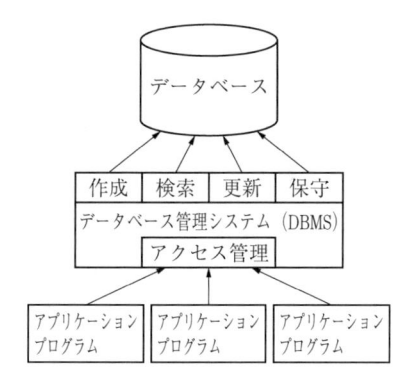

図8.1 データベース管理システム

ざまなアプリケーションプログラムからの利用を可能にする．データを個々のプログラムから切り離して，データの独立性を確保しているわけである．

（2）データの一元管理と整合性の保持　データを一元的に管理することによって，同じデータが重複して登録されるのを防いだり，データに矛盾が生じるのを防止する．

例えば，もらった名刺をデータベースに蓄積したが，その後，相手の会社の住所が変更されたとする．もしその会社の複数の人から名刺をもらっていた場合，通常は全員の住所を変更しなければならない．

このようなとき，会社の住所はデータベース中の1カ所だけに書くようにしておく．そしてそれを修正すれば，その会社の全員に反映される仕組みにしておけば，よけいな手間や矛盾が生じるのを防げる．

（3）アクセス管理などの機能　あるデータには，特定の人しかアクセスを許さないなど，アクセス権限を設定して，機密保護を行う機能が必要になる．また，データを定期的にバックアップしておき，障害が起こった際，更新の記録を用いて障害回復を行うなどの保守機能をもつシステムもある．

複数の利用者が並行して使用するデータベースの場合，データを同時に書き換えようとしたときに，最初の1人以外は待たせる排他制御機能が必要である．鉄道の座席予約システムで，同じ席を二重に発行しないなどの例を考えればわかるだろう．

8.1.3 データ探索のアルゴリズム

検索のためのデータ探索には，どのような工夫がなされているのだろうか。さまざまな検索要求にできるだけ高速で応じられること，更新がしやすいこと，データ量をできるだけコンパクトに抑えられることなどが要求される。

例として，住所録を考えよう。たくさんの知り合いのデータが蓄えられているとき，毎回，1番目から最後まで順に調べていって，ほしいデータを見つけるのが最も単純な方法である。**線形探索**（linear search）という。データ数が n 個のとき，求めるデータが存在すれば，平均 $n/2$ の手間がかかる。しかし，もし存在しなければ，最後まで見ないといけないので，n の手間である。

住所録がソートされていて，姓名の五十音順で並んでいるなら，ほしい名前の探索は，もっと高速に実行できる。

図8.2のように，まず全データの中央のものと比較する。それよりも後にあるとわかったら，後半のデータの中央と比較する。そしてそれより前なら，また二分してその中央と比較する，といった操作を続けていく。

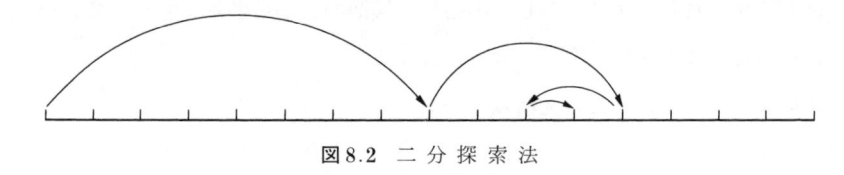

図 8.2　二　分　探　索　法

このような探索法を，**二分探索**（binary search）という。データ数が n のとき，最悪 $\log_2 n$ 回程度の操作で，目的のデータにたどり着くか，あるいは目的のデータが存在しないことが判明する。

あるいは別の方法もある。「あ」はここから，「い」はここからというように，見出しの表があって，そこからもとのデータへのリンクが張られていれば，探すのが能率的になる。**インデクシング**（indexing）すなわち索引付けというやり方だ。

しかし，データがソートされていないと，これらの方法は使えない。名前の五十音順の住所録で，東京都に住む人たちだけを見つけだすといったとき，前

から順に探していくしかないのだろうか。

そのような検索がよく行われるなら，**逆ファイル**（inverted file）を作っておけばよい。例えば，郵便番号だけを取り出した小さなファイルを作り，それをソートしておく。そして各データから，元のファイルのデータにリンクを張る。小容量のファイルの追加だけで，郵便番号からの二分探索が可能になる。

また，巧妙な方法として，**ハッシュ法**（hashing）がある。検索すべきデータからハッシュ値という数値を計算して，ほぼ1回でほしいデータにたどり着く方法である。

例えば，氏名は文字列だが，コンピュータの中では文字コードで表現されている。何バイトもあるデータを，図8.3では折りたたんで，16ビットに圧縮している。ビットごとに排他的論理和演算を行っている。この16ビットの値を使えば，65 536通り（2^{16}である）を見分けることができる。そこで，ハッシュ値に相当する番地にデータを格納しておけば，一気にそのデータへたどり着ける。

異なるデータのハッシュ値がたまたま一致する場合があるため，それに対処する工夫が必要である。しかし効率的なので，ハッシュ法はよく用いられる。

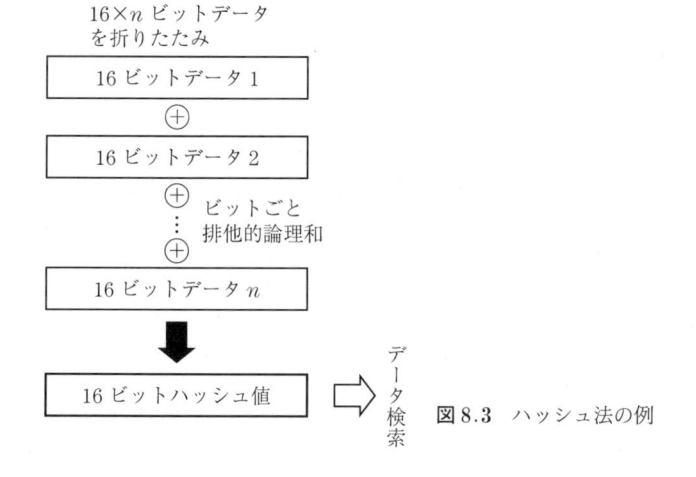

図8.3 ハッシュ法の例

8.1.4　データモデル

階層という考え方がシステムの設計にしばしば用いられる。データベースでは，**スキーマ**（schema）と呼ばれている。図式や枠組みといった意味である。以下の3層スキーマが一般的である。

（1）　**内部スキーマ**　……　コンピュータ内部の物理的なレベルでの表現
（2）　**概念スキーマ**　……　論理的なレベルでデータモデルを記述したもの
（3）　**外部スキーマ**　……　個々のアプリケーションの視点での記述

物理的な細かい部分は見せず，概念スキーマのレベルでの**データモデル**（data model）で，実世界と対応づける方法が一般的に採用されている。どのようなデータモデルを用いるかによって，データベースの方式が分類される。代表的な3方式がある。

（1）　**階層データモデル**（hierarchical data model）　本の章や節の構造のように，データを枝分かれの階層構造で表現する。
（2）　**ネットワークデータモデル**（network data model）　階層型よりもっと自由にリンクを張って，多対多の関係を許す方式である。
（3）　**関係データモデル**（relational data model）　データを表の形に統一したデータベースである。

現在，広く用いられているのは3番目のデータモデルであり，**関係データベース**（relational database，**RDB**）と呼ばれる。汎用性が高くて，すっきりした方法であるが，処理の効率が劣る場合もある。

関係データベースでは，複数の表の組み合わせで，データを表現する。通常のファイルや，表計算ソフトの表という単位が，関係と呼ばれると思えばよい。表の各行は**タプル**（tuple）とも呼び，それがデータの単位である。表の各列は**属性**（attribute）という。

図8.4は，保険契約データベースの一例である。いろいろな表が作ってあって，それらを組み合わせて，検索要求にこたえる。各表は，少なくとも1つの属性の値によって，各タプルを一意に識別できるように作成する。これを**主キー**（primary key）という。例えば個人ファイルの場合には，個人識別番号

8.1 データベースと情報検索

個人ファイル

個人識別番号	個人名	住所
101	田 中	東 京
107	藤 井	京 都
120	成 田	東 京
200	佐 藤	横 浜
225	笠 松	川 崎
240	脇 田	川 崎
262	木 曽	東 京

契約ファイル

契約書番号	保険内容	最新契約日	保険金額
1240	自動車	06/04/01	1 000
4050	火 災	06/04/01	2 500
1560	自動車	07/01/24	1 500
1070	自動車	06/12/08	800
4100	火 災	06/12/08	30 000
9011	自動車	07/03/20	35 000
9511	火 災	07/03/25	555 000

個人-契約間関連ファイル

個人識別番号	契約書番号
101	1240
101	4050
107	1560
120	1070
120	4100
200	9011
200	9511
225	8493
225	8835
240	3850
262	1621
262	806

図 8.4 関係データベースの例

がすべて異なっているし，契約ファイルの各行は，契約書番号によって区別する。

　これらのファイルを組み合わせていくと，例えば藤井氏は京都に住んでいて，自動車保険に入っているといったことがわかってくるわけだ。

　関係データベースは，集合論に基づく理論化がなされている。データの矛盾を避け，かつ全体のデータ量を少なくするために，表を**正規形**（normal form）という形に正規化する。1行ずつの項目を集めた表にすること（第1正規形），主キーが存在すること（第2正規形），主キーとの従属関係ごとに独立した表にしてあること（第3正規形），などの基準のもとに表を設計する。

　利用者はこのようなデータベースを，外部スキーマという視点で見る。利用者ごとにどのデータを利用可能かなどの制限が加えられる。例えば，自動車保険の加入者だけの表を見せるなど，**実表**（base table）から仮想的な**ビュー表**

(view table）が定義される。

その他，近年は，**オブジェクト指向データベース**（object-oriented database, **OODB**）なども現れている。複雑な構造をもったデータや，文字・音響・画像情報などに，処理プログラムも付与する。高度な処理に適する。

8.1.5 データベース言語と応用

データベースを操作するために，**データベース言語**が用いられる。関係データベースの場合，**SQL**（structured query language）という言語が一般に用いられる。SQLは，データベースを構築するための**データベース定義言語**と，検索や更新のための**データベース操作言語**に分かれる。利用者がそれらをコマンドとして用いたり，あるいはプログラム中から利用する。データベース用に限定された言語なので，そんなに難しいものではない。

例えば，検索を行う場合は，

　　　　SELECT　列のリスト　FROM　表の名前　WHERE　条件式

といった表現である。契約書番号と保険金額を，契約ファイルから，保険内容='自動車'という条件で取り出すなどの使い方である。

挿入，削除，ソートを行ったり，表の作成，ビュー表の定義など，データベースに必要な機能が提供されている。プログラム中からこのような言語を用いれば，さまざまな検索を自動化することができる。

データベースに蓄積された大量のデータから，経営や販売などに有用な情報や相関関係などを抽出する技術に対する期待も強い。**データマイニング**（data mining）などの言葉が用いられる。マイニングとは採鉱という意味である。

8.2　コンパイラ

8.2.1　コンパイラの仕組み

プログラミングに用いる高級言語は人工言語であって，**コンパイラ**（compiler）はコンパイルしやすいしかけが組み込まれている。情報処理のなかで

最も洗練されたアルゴリズムで，逐次処理型コンピュータの特性を最大限に生かしている。

コンパイラの内部を模式的に書くと，図8.5のような3段階の解析を行っている。高級言語で書いたソースプログラムを入力として，機械語のオブジェクトプログラムを出力する。

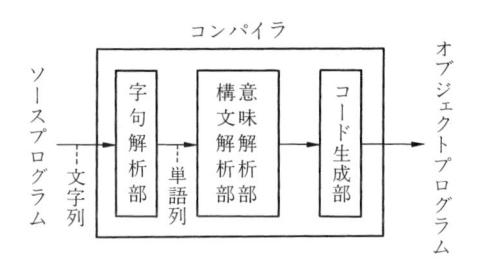

図8.5 コンパイラの基本構造

コンパイラの核心的部分は，**構文解析**（syntactic analysis）部である。**字句解析**（lexical analysis）というのは，単語レベルでの解析であって，変数名などの表を作る。**意味解析**（semantic analysis）は，構文解析を補足するような作業を行う。また，**コード生成**（code generation）部は，オブジェクトプログラムを生成する部分である。

実際のコンパイラを作ると，構文解析と意味解析は，明瞭に分離されていないことが多い。字句解析部の仕事も，構文解析の中に取り込むことが可能だし，コード生成は構文解析の結果を利用して，容易に実行できる。

コンパイルというのは，ほとんど構文解析のことだといってよい。じつは，コンピュータは構文は得意だが，意味は苦手だという弱点をもっているのであり，人工知能への発展をこれまで妨げてきた。

さて，最も単純な例を使って，コンパイラがどんな仕事をするかを考えてみよう。コンパイル作業の本質は，順序変換である。次の文を対象としよう。

　　　pi＝3.14；

まず字句解析部で，「pi」と「＝」と「3.14」という要素に分けられる。そういった判定は比較的やさしいものである。それぞれの字句を機械語のプログラムに変換すると，どのようになるだろうか。piに対応する機械語のプログ

ラムを，ここでは［pi］と書いておくなどとする。

機械語のプログラムが完成したとき，それらはおおよそ次のような命令の系列になるだろう。命令の順序にだけ注意すればよく，細部は気にしなくてよい。

（1）［pi］命令 ……… pi のアドレスをレジスタ A にロード
（2）［3.14］命令 …… 3.14 の値をレジスタ B にロード
（3）［＝］命令 ……… A が指す番地にレジスタ B の内容をストア

興味深いのは，命令の順序が，［pi］，［3.14］，［＝］に変換されることである。人間にとっては，pi＝3.14 の方がわかりやすいが，コンピュータにとっては，［pi］，［3.14］，［＝］の方が自然な順序なのである。

8.2.2 逆ポーランド記法とスタック

その順序変換について説明しよう。ここでは数式のみを扱うが，高級言語のさまざまな構文に対して，このような手法を適用することができる。

数式を表現する方法に，**逆ポーランド記法**（reverse Polish notation）という風変わりな方法がある。逆ポーランド記法では，例えば $a+b$ は，

$ab+$

というように記す。演算される 2 つの数の後に，演算子を置く記法である†。

例として，もうひとつ，

$A=(B+C)*D$

を考える。逆ポーランド記法による表現は，

$ABC+D*=$

となる。

この式はなじみにくいかもしれないが，演算子は 2 項演算であって，前 2 つの値に対して適用される。＋は B と C に対する演算であり，その計算結果と D に対して＊を適用する。そして，＊で計算できたひとつの数を，A に代入

---

† 日本語の表現に似ているという見方もある。「a と b を足す」という語順と同じだからである。なお，ポーランド記法の場合には，演算子が前にきて，$+ab$ となるが，これは関数の記法 $f(a,b)$ に似ている。

するわけだ。すなわち，

$$A((BC+)D*) =$$

のつもりだといえる。説明のために，かっこを用いたが，逆ポーランド記法には，著しい特徴がある。逆ポーランド記法は，かっこをまったく必要とせず，任意の四則演算式を表現できる。どのように入り組んだ四則演算だったとしても，かっこは不要なのである。

例えば，$((A-B)/C+D*(C+E*F))*(F/E-G)$ は，

$$AB-C/DCEF*+*+FE/G-*$$

となる。もとの式と比べて，変数の順序がまったく変更されていないことにも注目するとよい。演算子の場所を移動するだけで，かっこが不要になる。

このような変換を行うには，**スタック**（stack）と呼ぶ機構を用いる。スタックとはメモリの一種であり，いちばん最後に記憶させたものを，いちばん先に取り出す，というきまりに従って動くメモリである。その動作のままに，**後入れ先出し**（last-in, first-out, **LIFO**）といわれる仕組みである。

図8.6がスタックの模式図である。荷物などの箱を積み上げていくのと同じだと考えればよい。積むときには，どんどん上に積み重ねていき，下ろすときにも，またいちばん上から取っていく。途中を抜くダルマ落とし的な動作はさせないわけである。スタックにデータを1つ積み上げて蓄積させる操作を，**プッシュ**（push）という。また，スタックから1つデータを取り出す操作を，**ポップ**（pop）と呼んでいる。

このようなスタックは，コンピュータの内部では，主記憶の上にプログラムで作られることが多い。主記憶に適当なサイズのメモリ領域を確保し，**スタックポインタ**（stack pointer）を1個設定して，その値を1つずつ増減しながら，つねにスタックトップを指させ，そこへのプッシュとポップの操作を行う。

例として，$A=(B+C)*D$ という数式が，スタックを使えば，どのようにして逆ポーランド記法に変換できるかを見てみよう。図8.7を順にたどってもらいたい。

変数は，前から順に，左側へと書き出していく。一方，演算記号や「(」は

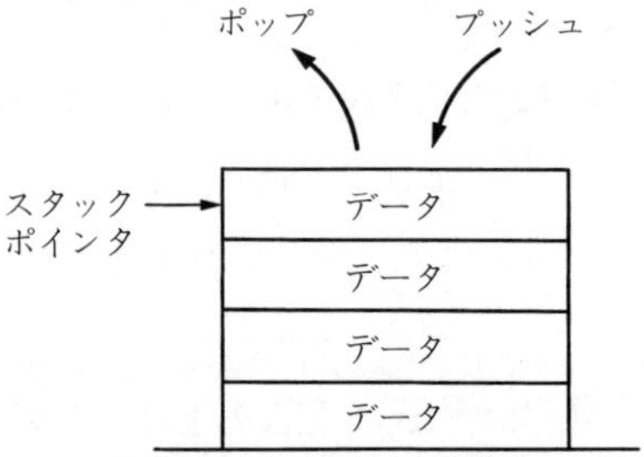

8. さまざまな情報処理

```
出力      スタック    入力
         ──⌣──   A=(B+C)*D

A  ──⌣──  =(B+C)*D

A  ──=──  (B+C)*D

A  ──(──  B+C)*D
   ──=──

AB ──(──  +C)*D
   ──=──

AB ──+──  C)*D
   ──(──
   ──=──

ABC ──+──  )*D
    ──(──
    ──=──

ABC+ ──(──  )*D
     ──=──

ABC+ ──=──  *D

ABC+ ──*──  D
     ──=──

ABC+D ──*──
      ──=──

ABC+D* ──=──

ABC+D*= ──⌣──
```

図8.6 スタックの模式図

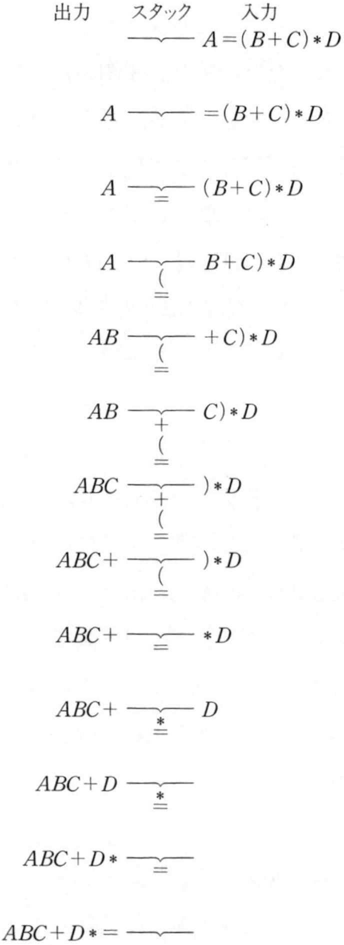

図8.7 逆ポーランド記法への数式の変換

（スタックの模式図：ポップ、プッシュ、スタックポインタ、データ）

いったんスタックにプッシュする．そして，「)」が来たときに，演算記号はポップして書き出し，「(」は捨てる．次の「*」は，プッシュされている「=」よりも演算の優先順位が高いので，いったんプッシュする．そして，数式の最後には，改行記号などの区切り記号があるはずなので，それが来たときに，スタックの中身をすべてポップして書き出す．これで完成である．

このアルゴリズムを知るには,実際に手で動かしてみるのがよい。例題の式を作って,スタックを使いながら,逆ポーランド記法に変換する操作をやってみると,うまく動くことがわかるだろう。また,プログラムを作るなら,再帰的プログラミングがこのような言語処理には適している。

8.2.3 コンパイルとプログラムの実行

人間にとって,逆ポーランド記法というのは,なじみのないものである。しかし,コンピュータにとっては,じつはこの逆ポーランド記法の方が,実行しやすい形式である。このあたりに,人間とコンピュータとの差が表れている。コンピュータの動作というのは,人間の知的活動と異なるところがあり,計算のやり方ひとつをとっても,人間とは別の方法が適しているのである。

高級言語プログラムのコンパイルは,数式を逆ポーランド記法に変換する過程を,さらに一般の文にまで拡張したものだといえる。高級言語は英文に似ているが,じつはこのような変換を非常に行いやすい文法になっている。完全に人工的に設計された言語なのである。

さて,逆ポーランド記法に変換された数式は,ほぼコンピュータプログラムそのものであることを述べよう。不思議に思うかもしれないが,逆ポーランド記法の数式は,ほとんど自動的に機械語のプログラムに変換できる状態になっているのである。

この機械語のプログラムは,またもスタックを使いながら,計算を実行する。コンパイルにスタックを用い,実行にもスタックを使用する。コンピュータにとっては,スタックというのは,普遍的な機構だということである。

例として,先ほどの $A=(B+C)*D$ という数式を,逆ポーランド記法に変換した $ABC+D*=$ をもう一度考えよう。この式は,ほぼ機械語のプログラムそのものである。変数のうち,A だけは特殊である。高級言語では,文頭が変数名なら,代入文だと判定する。A に対応する機械語命令 $[A]$ は,変数 A の「番地をスタックにプッシュせよ」という命令である。他の変数に対しては,その変数の「値をスタックにプッシュせよ」という命令とする。

また，各演算子に対する機械語の命令は，「スタックトップのデータと，その次のデータの2つをポップし，それらに演算を施して，その結果をスタックトップにプッシュせよ」とする。[=] については，結果をスタックに入れるのはなく，「メモリへのストア動作」である。

図8.8 に，$ABC+D*=$ がどんな機械語命令の系列に対応しているかを，概略として示そう。

[A]……Aの番地をスタックにプッシュせよ
[B]……Bの値をスタックにプッシュせよ
[C]……Cの値をスタックにプッシュせよ
[+]……スタックの上2つのデータをポップして加え，結果をスタックに
[D]……Dの値をスタックにプッシュせよ
[*]……スタックの上2つのデータをポップして乗じ，結果をスタックに
[=]……スタックトップのデータをポップし，次のデータを番地とみなしてポップし，その番地にデータをストアせよ

図8.8 逆ポーランド記法に対応する機械語命令

この機械語プログラムを実行すると，図8.9のようになることがわかるだろう。計算が正しく実行されて，最後にスタックが空になる。逆ポーランド記法にさえ変換すれば，コンピュータが容易に実行可能になるわけである。

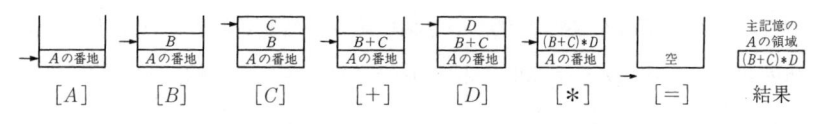

図8.9 機械語プログラムの実行

高級言語では，繰り返しや条件判定など，さまざまな文を使用する。それらの機械語を生成させる際にも，スタックを用いる。高級言語のコンパイルは，非常に複雑な処理のように見えるが，じつはかなり容易に実現できるように設計されているのである。小さな高級言語のコンパイラなら，1000行程度のプログラムで実現できる。実際，ごく初期のパソコン用BASICは，たった4キロバイトのサイズで実現された[†]。

---

† この4KBのBASICは，マイクロソフト社の創業者ビル・ゲイツ（Bill Gates）が作った。同社はこれを最初の足がかりに，世界最大のソフトウェア会社へと発展していった。

8.3 コンピュータグラフィックスとシミュレーション

8.3.1 コンピュータグラフィックス

コンピュータグラフィックス（computer graphics）は，**CG** とも略される。近年の進歩が著しく，広く使われるようになっている。2次元グラフィックス技術もあるが，ここでは3次元グラフィックス技術について述べよう。

図 **8.10** のように，3次元空間内の立体を，2次元の画面に投影する幾何学を，数式で表現することができれば，原理的には3次元コンピュータグラフィックスを理解したも同然である。

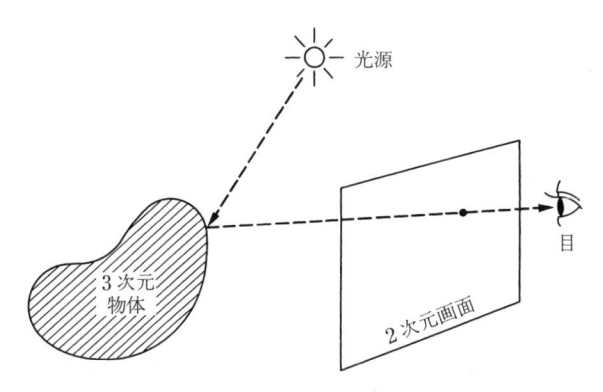

図 **8.10** コンピュータグラフィックスの幾何学的原理

3次元空間内での物体の生成を**モデリング**（modeling）という。複雑な形状の3次元立体は，多面体として表現されることが多い。多数の**ポリゴン**（poligon）すなわち多角形が集まったものとして，立体を表現するのである。多角形の線だけで表現したモデルを**ワイヤフレームモデル**（wire frame model）という。

形状構成手法としては，図 **8.11** のように，多面体の集合演算を行ったりする。**コンピュータ援用設計**（computer aided design）すなわち $\overset{\text{キャド}}{\text{CAD}}$ でよく用いられる。

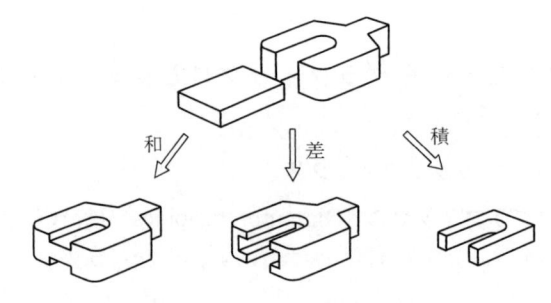

図8.11 多面体の集合演算の例

コンピュータグラフィックスの応用分野は多様なため，さまざまな技法が開発されている．人体モデルに関節を組み込み，センサを多数つけた人間の演技に追随させる技法などはその一例である．

作成された3次元モデルを，2次元画像として可視化する処理を**レンダリング**（rendering）という．物体の表面に複雑な模様をつけるには，カメラで撮影した実映像を物体の表面に張りつける手法がよくとられる．表面に細かい模様などをつける操作を，**テクスチャマッピング**（texture mapping）という．

また，コンピュータグラフィックスにおいて，見えない線や面を画面に表示せず，見える線や面だけを表示するアルゴリズムが重要である．これらを**隠線消去**（hidden line elimination）あるいは**隠面消去**（hidden surface elimination）という．各画素において，最も遠い物体から順にレンダリングしていく**Zバッファ法**（Z buffer algorithm）を用いると，最終的に最前面の表示が残る．ゲームソフトなどでよく利用される．

レイトレーシング（ray tracing）あるいは**光線追跡法**というアルゴリズムでは，光の反射，屈折，透過をすべて計算して表示する．膨大な計算時間を要するが，ガラスや金属などの美しいグラフィックス表現が可能である．また，**ラジオシティ**（radiosity）という方法では，物体間の反射光の相互作用を計算するので，柔らかな影の表現に適している．

コンピュータグラフィックス分野では，専門的で高度な手法が次々に開発されている．水や火や煙などを表現する手法，自然の動植物に似た形状や動きを

表現する手法，物体の形を滑らかに別のものに変化させる手法などだ。

複雑な凹凸形状を生成する手法として，**中点変位法**（midpoint displacement）がよく用いられる（図 8.12）。線分の中点やポリゴンの重心を乱数でずらす操作を，何回も繰り返す。でこぼこの海岸線や山に似た形状などを人工的に生成するのに適している。

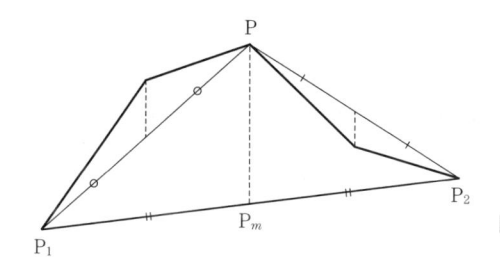

図 8.12　中点変位法

現代のコンピュータ技術は，産業応用にも広く用いられるが，コンピュータ技術が発達するにつれて，遊びの用途が拡大しているのも特徴的である。コンピュータが現実世界と見まがうような映像を作り出す技術によって，**仮想現実感**（virtual reality，**VR**）などの応用が徐々に普及しつつある。

芸術とコンピュータとが結びついた**コンピュータアート**（computer art）の世界が，われわれに新しくて新鮮な美を提供している。これらの仕事には，高度なコンピュータ技術とともに，優れた感性が必要である。

8.3.2　シミュレーション技術

シミュレーション（simulation）とは，模擬実験という意味である。コンピュータを用いたシミュレーションが広く行われている。対象物がいまだ存在しなかったり，大きすぎる，小さすぎるなど，実世界での実験が不可能な場合や，実験の費用を低減するためによく用いられる。実際の結果を予測・分析するのがおもな用途である。

シミュレーションを行うには，コンピュータ内にシミュレートすべき対象の**モデル**（model）を構築する。そのようなモデルは，対象によってさまざまであり，力学方程式など各分野の科学上の成果が用いられる。結果を**可視化**

(visualize）する技術が不可欠であって，アニメーション表示などわかりやすい表現を用いる．対象が物理的世界である場合，3次元コンピュータグラフィックス技術と類似したシミュレーション法も多い．

有限要素法（finite element method，**FEM**）は，対象物を細かくメッシュで区切って，線分，三角形，四角形，四面体，六面体など小要素の集合体として表現する．そして，各要素の変位によるひずみなどを計算する．

人の流れや交通流，粒子の衝突や散乱などは，モデル中で乱数を使用する．プログラム言語には**擬似乱数**（pseudo-random number）の発生関数があるので，それを用いることができる．確率・統計理論を応用して，待ち行列などのシミュレーションを行うことも多い．

また，**モンテカルロ法**（Monte Carlo method）は，乱数を使って，近似計算を行う方法である．数値解析にも用いられる．例えば，2次元平面に乱数で点を打っていき，その点が円の内部に入る割合から，円周率πの近似値を求めることができる．ただし，高い有効数字は期待できない手法である．

離散的な系のシミュレーションでは，変化の起こったイベントのみをとらえて計算を行い，計算効率を高める工夫がなされることがある．例えば，論理回路シミュレーションでは，信号に変化のあった回路のみをシミュレートするのが効率的である．

シミュレーションの分野は，複雑な実世界を扱うがゆえに，先進的な情報処理の思想をも生んできた．オブジェクト指向という概念も，この分野で誕生した．人工知能分野にも多大な影響を与えている．ただ，シミュレーションは，実世界の近似にすぎないので，妥当な結果を与えるとはかぎらない．十分に科学的なモデルが存在しない場合には，結果の妥当性は期待できない．モデルと結果の評価をきちんと行い，モデルを修正した再実験を行うことなども必要である．

特定分野のシミュレーション用のソフトウェアやプログラム言語が存在するので，それらを利用することもできる．データやパラメータを与えるだけで，容易にシミュレーションを行えるものもある．

演 習 問 題

8.1 本1冊のページ数を平均250ページとし，1ページ当たり100キロバイトの画像で蓄積することにしよう。そのような本を1億冊集めた**電子図書館**（electronic library）を作りたい。どの程度の記憶容量が必要か。また，電子化するコストを，1冊1万円とするとき，どの程度の費用が必要か。なお，日本の国会図書館で800万冊以上，アメリカの議会図書館で2900万冊以上，イギリスの大英図書館で1200万冊以上の本があるという。

8.2 関係データベースの第3正規形では，属性間に A → B → C という従属関係があるとき，必ず A → B と B → C という2つの表に分離した形で作る。図8.13のような従属関係があるとき，どのような表を作ればよいだろうか。

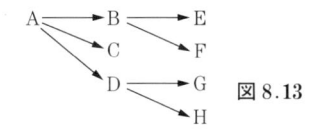

```
A ──→ B ──→ E
  ╲    ╲    F
   ╲    C
    ╲       
     D ──→ G    図8.13
          ╲  H
```

8.3 次の数式を逆ポーランド記法に変換してみよ。
 (a) $A+B*C$ 　(b) $A/\{(B-C)*D+C/F\}$
 (c) $X*[\{(A+B)*(A+C)+D\}/E-Y/F]$

8.4 次の逆ポーランド記法の数式を，通常の数式の形式で書いてみよ。
 (a) $AB-C-$ 　(b) $ABC--$ 　(c) $AB+CD--E*FG*H+/$

8.5 $-A$ などの単項演算を，逆ポーランド記法に矛盾なく導入できるか。

8.6 **平方採中法**（middle-square method）という擬似乱数発生法を紹介しよう。適当な桁数の初期値から始めて，毎回，2乗の計算を行う。そして，上位の桁と下位の桁を除去して，中央にあるもとの桁数分を残す。これを繰り返す。例えば，$4649^2 = 21\underline{6132}01 \to 6132^2 = 37\underline{6014}24 \to 6014^2 = 36\underline{1681}96 \to 1681^2 = 02\underline{8257}61$ という計算である。あまり性能のよい乱数発生法ではないが，適当な初期値を選んで，ふたたび初期値と一致する周期を実験してみよ。

9 知的情報処理

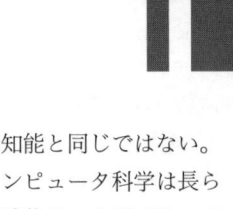

コンピュータという機械の情報処理方法は，人間の知能と同じではない。人工知能やパターン情報処理などの困難な課題に，コンピュータ科学は長らく挑戦してきた。われわれが知能ロボットと共生する時代は，やがてやって来るのだろうか。この章では，知的情報処理の基礎について述べる。

9.1 人工知能

9.1.1 問題解決とゲームの対戦

人工知能（artificial intelligence，**AI**）という言葉は，1950年代半ばに生まれたが，まだまだ乗り越えられない困難をかかえたままである。人間の認識，判断，連想，推論，問題解決，その結果としての言語活動やさまざまな行動機能の実現，さらに学習能力など人間の頭脳の働きを理解し，機械化したいという要望は非常に根強い。しかし，人工知能がそれに十分にこたえるレベルには達していない。

ただ，コンピュータの計算性能の向上とともに，成功だとみなされるようになった分野もある。代表的なのが**問題解決**（problem solving）と呼ばれてきた分野だ。チェスや将棋などの**ゲームの対戦**（game playing）が，その応用としてよく行われる。これらのゲームは，問題そのもののルールや道具などが明確に与えられていて，試行錯誤を主とした方法によって問題を解くという設定になっているとみなせる。そして，バックギャモン，チェッカー，チェスなどで，世界チャンピオンを破ってきた。

簡単な例題として，マッチ棒が5本あるとしよう。2人で対戦する。1回に1本か2本取ってよい。最後に1本残ったマッチ棒を取らされた側が負けだ。もし先手だったとすれば，どう対戦すればよいだろうか。

問題解決では，問題を**木**（tree）という構造に表現して考えることが多い。**枝**（branch）と**節点**（node）からなる。ただ1つの**根**（root）という節点から複数の子節点に枝分かれしていく構造である。もう枝分かれしない節点を**葉**（leaf）と呼ぶ。根以外の節点は直上にただ1つの親節点しかなく，どこにもループのないグラフである。この問題の場合，可能な手をすべて書き出していくと，図9.1のような木構造になるだろう。このような木で先読みを行う。すなわち**木探索**（tree search）を行って，自分の打つべき手を決定するのである。

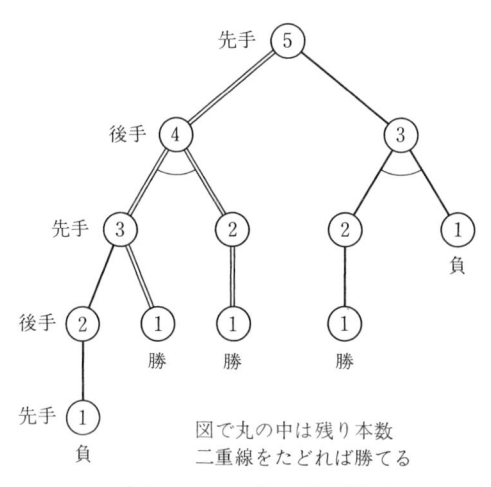

図で丸の中は残り本数
二重線をたどれば勝てる

図9.1 AND/OR 木の例

対戦型ゲームで用いる木は特殊であって，複数の枝を弧で結んでいる部分がある。それらの枝の下につながる節点は，**AND 節点**（AND node）と呼ばれる。2人ゲームの場合には，対戦相手側が打つ手に対応している。なぜなら，対戦相手は，考えられるあらゆる手のどれを打ってくるかわからないので，そのすべてを考慮するという表記である。

一方，弧のない枝の下にある節点は，**OR 節点**（OR node）と呼ばれる。複

数の節点があったとしても,そのうちの1つだけを選んでもよいという意味である。2人ゲームでは,自分側の打つ手に対応している。このような木構造を,**AND/OR木**（AND/OR tree）という。対戦型ゲームをコンピュータに行わせるときに,よく用いられる表現法である。

図9.1の全体をながめると,先手としては,最初に1本取れば,かならず勝てることがわかるだろう。図をよく見ながら考えてほしい。もしそれがわかれば,コンピュータにゲームを行わせる基本を理解できたことになる。

問題解決では,この例のように,可能な場合を尽くしながら,どのように先に進んでいくべきかを考える。例にした問題は易しいが,囲碁や将棋などになると,考えるべき手の数がたちまち膨大になる[†]。

そのような場合には,どの手を打つのがよさそうかを,適当な**評価関数**（evaluation function）で決め,調べる必要のなさそうな手を**枝刈り**（pruning）する。**ヒューリスティック**（heuristic）とか**発見的**と呼ばれる手法である。ただ,あまり強力な理論はなく,従来はコンピュータの性能向上が,対戦能力の進歩に寄与する部分が多かったといえよう。

なお,自分側は評価値が最大の手を打とうとするが,敵側はこちらの評価値を最小に下げようとする手で攻めてくる。このような状況での戦略を,**ミニマックス戦略**（minimax strategy）といい,対戦型ゲームで一般的である。

9.1.2 木構造と自然言語処理

ゲームの対戦もそうだが,木構造はコンピュータ処理とよくマッチしている。例えば,算術式も木構造で表現できる。**図9.2**は,算術式「$A=(B+C)*D$」に対応する木である。この図をよく見れば,どのように計算しているかの見当がつくだろう。情報処理で扱う木構造では,上下の関係だけでなく,左側,右側などの位置関係も考慮に入れることが多い。この算術式の場合,変数

[†] 1997年に人間のチェスの世界チャンピオンを破ったスーパーコンピュータDeep Blueは,1秒間に最高2億手,平均1億手を探索した。最高40手先を読むことがあった。チェス専用チップを3年がかりで設計し,256個搭載した。

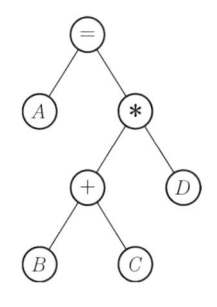

図9.2 算術式 $A=(B+C)*D$ の木

の出現順序に従って，節点の左右が決まっている。

木構造は，8.2.2項におけるスタックによる処理と密接な関係がある。図9.2において，次のような規則で，この木を数式に戻してみよう。

（1）左右では左を優先する。

（2）そのもとで，上下では下を優先する。

（3）優先順位の高い節点から順に，その節点に書かれた文字を書き出す。

このようにすれば，「$ABC+D*=$」が得られる。逆ポーランド記法とは，木を読む順序の一種にすぎない。読み方の優先順位を変えれば，通常の数式表現も得られる。

日本語や英語など，自然言語の文の構造も，木構造で表現できそうだと思う人が多いだろう。**図9.3**がその例だ。このような木を**構文木**（syntax tree）という。構文木で表現できれば，文の意味内容もある程度把握できる。**自然言語処理**（natural language processing）をコンピュータで行ったり，語順を変えて**機械翻訳**（machine translation）などにも使えると期待されるわけである。

ただ，自然言語は，数式ほど厳密な表現法ではないために，その処理は意外

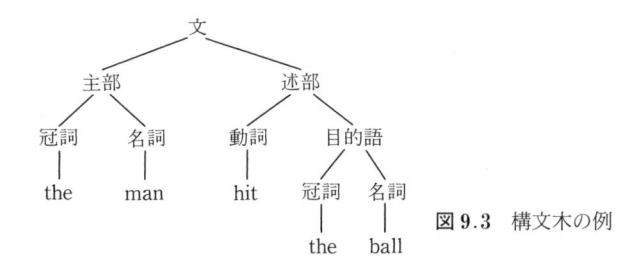

図9.3 構文木の例

なほど困難な問題となる。例えば，

  time flies like an arrow

という単語の並びは，

  時は矢のように飛ぶ ……………… 光陰矢のごとしの意

  トキバエは矢を好む ……………… time fly というハエがいる？

  矢と同じくハエを計時せよ …… time を動詞とする命令文

の3とおりに翻訳できるだろう。このそれぞれに対して，構文木を生成できて，そのどれもが文法的に正しい。その種の**あいまいさ**（ambiguity）が自然言語にはつきまとう。どの木が適切であるかは，意味内容まで考えなければ自動判定できるものではない。しかし，コンピュータは意味の扱いが苦手である。

 構文解析には，**句構造文法**（phrase structure grammar）という数理的な文法学を用いる。ただ，**文脈自由文法**（context-free grammar）と呼ばれるレベルであることがほとんどである。

 文脈自由文法とは，文脈をいっさい考えない文法という意味であって，コンパイラで用いるのと同クラスの文法だ。木構造で表現できる。つまりスタックで処理できる文法である。それ以上に複雑な文法だと，コンピュータでの処理効率が非常に悪くなる。

 実際のところ，これは大きな限界である。スタックでの情報処理が，コンピュータ科学の到達した最も美しくて有用な情報処理手法である。サブルーチンの処理機構，分割統治法のアルゴリズムなど，数多くの基本技術がスタックを利用する。自然言語の構文・意味解析は，長くそれを超えられずにきた。

 例えば，図9.3の「the man」がだれであるかを調べるのは，木構造という枠組みを超える。木の節点は直上に親を1つしかもたないため，「the man」がだれかというリンクを付加すると，木構造が崩れて美しい処理ができない。そのような処理は意味解析に任せるが，スタック型のきれいなプログラムを書けないということである。

 また，単語ごとの分かち書きの習慣がない日本語などでは，その切り分けも高度な技術である。自然言語処理の分野では，そのような切り分けを**形態素解**

析（morphological analysis）という。形態素とは，単語より細かな切り分けレベルであって，接頭語や接尾語なども切り分けると考えればよい。自然言語処理のための辞書では，通常の品詞よりもはるかに詳しい分類が行われる。

日本語の切り分けを行う簡易な方法が，**最長一致法**（longest match method）である。例えば，「情報処理入門」という言葉なら，先頭には「情」と「情報」という候補の単語が2つあるが，最長である「情報」を選ぶ。

一方，コンピュータ内のデスクトップ検索など全文検索の応用では，n 字組という意味の ***n* グラム**（n-gram）という簡易な方法もある。辞書を用いずに，機械的に2～3文字程度の文字列すべての索引を作成する。辞書にない単語も扱えるという利点があるが，索引が大きくなるという欠点も伴う。

自然言語処理の成果は，かな漢字変換，Web 検索，デスクトップ検索などに広く応用されている。ただ，精度が100％近いというわけにはいかず，つねに人間による修正操作が必要になる。機械翻訳の際も，あらかじめ翻訳しやすい文章に人間が修正し，翻訳結果にまた人間が手を加えるのが通常である。

自然言語の文法と辞書の作成は，膨大な手間を要するため，近年は，大量の例文データを使用する方法もとられる。そのような例文データの集合を**コーパス**（corpus）という。対訳文を大量に収集して，それに基づく機械翻訳などが行われる。

9.1.3 木探索法

試行錯誤的なプログラムを書く際は，木探索をよく用いる。そのアルゴリズムの基本を述べておこう。木探索には，浅い段から順に横方向に探索していく**横形探索**（breadth-first search）と，縦方向を優先してどんどん深く探索する**縦形探索**（depth-first search）がある。縦形の場合，どの深さで**後戻り**（backtrack）するかを決めておかなければ，永久に止まらないことがある。

横形探索の場合は，適当な表 A を用意して，下記のようにする。

（1）　根を表 A に登録せよ。

（2）　もし A に未探索の節点がなければ，失敗だとして終われ。そうでな

ければ，次へ進め．
（3） Aから未探索の最初の節点 k を選び，探索済みのマークをつけよ．
（4） k の子節点をすべて作り，Aの最後に付け加えよ（それらから k に戻るポインタもAに登録せよ）．もし子節点がなければ，（2）に戻れ．
（5） 子節点のうち，どれかがゴールなら，ポインタを逆にたどって解を出力して終われ．さもなければ，（2）に戻れ．

縦形探索の場合，上記の（4）で，子節点をAの最後ではなく，最初に付け加える．また（3）において，必要なら，その節点が深さの限度に達しているかをチェックすればよい．横形探索の場合にも，深さの限度を設定する必要がある．なお，再帰的プログラミングを行ってもよい．

このような探索において，各節点に適当な評価関数をつけ，解を得られる可能性の高い節点から探索するという手法がよく用いられる．**最良優先探索**（best-first search）という．ヒューリスティックによって決めた評価関数を用いることが多い．例えば，各節点の評価関数 $f(k)$ を，根からその節点に至るコスト $g(k)$ と，その節点からゴールに到達するコストの見積もり $\hat{h}(k)$ の和とするのがひとつの方法である．

$\hat{h}(k)$ の見積もりは難しいが，真のコスト $h(k)$ と比較して，$\hat{h}(k) \leq h(k)$ とするのがよい方法であることが知られている．このような探索アルゴリズムを **A***（エースター）**アルゴリズム**（A* algorithm）と呼ぶ．もしもゴールが存在するなら，かならずゴールに到達できるアルゴリズムである．

9.1.4 知識表現

意味解析には，人間のもつ知識をいかに表現し，いかにコンピュータに理解させるかという**知識表現**（knowledge representation）という課題がある．

人工知能用に実世界の知識を表現する方法として，**意味ネットワーク**（semantic network）という表現法がある．例えば，

「太郎はブロンドの髪の少女をなぐった」

という文は，図9.4のように表現する．ここで，isa は「…is a…」の省略形，

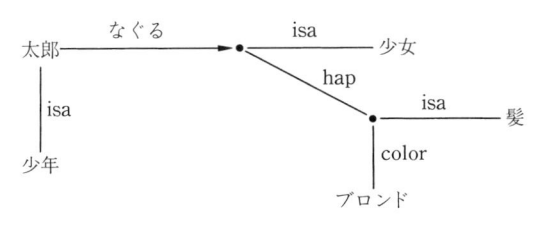

図 9.4 意味ネットワークの例

また hap は「… has a property …」の省略形である。

このような表現法を見たとたんに，あまりにも稚拙だと思って，心もとなさを感じる人は多いだろう。従来のコンピュータによる情報処理の体系の中では，この程度のアイデアが典型的なものとならざるをえなかったのである。

一方，**フレーム**（frame）という表形式に見立てた表現法もある。オブジェクト指向プログラミングの強い影響が感じられ，クラスフレームとインスタンスフレームからなる。各フレームには，情報を入れるために，スロットというという欄を設ける。スロットにはさまざまなデータや，他のフレームへのリンクや，プログラムを入れる。

このような知識表現においては，従来の辞書などよりも，はるかに詳しい情報の定義が必要となる。例えば，文章の意味解析を行うために，主格や目的格など文法上の**表層格**（surface case）だけでは不足で，動作主体や道具や目標などさまざまな**深層格**（deep case）が定義される。文章の構文解析だけを行うのではなく，意味内容を反映しようとする考え方である。

実世界に関する膨大な**知識ベース**（knowledge base）を構築しようとの努力が行われている。近年は**オントロジー**（ontology）†という言葉も使われる。知識を体系的に整理して相互に関係づけ，推論などに利用できるようにする。例えば，400万項目のオントロジーを200人年で構築しようとするプロジェクトなどが組織された。

それとともに，実用技術としては，インターネットにおける**セマンティック**

---

† 元来は存在論を意味する。人工知能分野では仲間うちでしか通用しないような特殊な言葉や，名称を変えただけの専門用語がしばしば用いられる。

Web (semantic web) が注目される。Web 文書に文書構造やハイパーリンクをつける手法の発展形であり，さらに意味を付与して，コンピュータで理解可能にする。異なる Web オントロジー間の相互運用を想定して，**オントロジー記述言語**（web ontology language）**OWL** が標準化されている。

Web の利用者がどんどん意味内容を付加するようになれば，膨大な知識ベースができあがる。例えば，昨日のテレビ番組の出演者がどのシーンに出ていたかなど，詳細な情報を書き込んでいく。それを利用すれば，ビデオ映像の高度な検索などが可能になる。

9.1.5 人工知能の多様な展開

人工知能という分野のテーマは多様である。人間の行う知的な仕事を機械に行わせる，あるいは人間とそっくりの知能を構築するという立場で，さまざまな研究が行われてきた。問題の定式化を数学のように明確に行えないため，コンピュータで扱いにくい問題が多い。

例えば，**数式処理**（symbolic computation）によって，因数分解を行うというテーマは，かつては人工知能分野の課題だった。しかし，うまくいく方法が考案されて，人間をはるかに超える性能のソフトウェアが実用化されたため，現在では人工知能の問題とはみなされなくなった。人工知能の技術者は，試行錯誤的な仕事にしか興味をもたないといえるくらいである。

初期から扱われたテーマは，ゲーム，問題解決，機械翻訳，自然言語処理，定理証明，自動推論，知識表現，学習，進化などである。しかし，現実的な規模の問題を解くのは難しく，小規模な**積み木の世界**（block world）での研究などが主だった。過去において，人工知能の"冬の時代"と呼ばれるような時期が何度か訪れている。

自動推論には，「すべての …」や「… が存在する」という表現を取り入れた**述語論理**（predicate logic）が用いられる。前提 A がなりたっているとき，B が導かれることを証明したいとき，「A ならば B」は論理式では「$\bar{A}+B$」であるため，それを否定した「$A \cdot \bar{B}$」がつねに偽であることを示す，という

導出原理（resolution principle）と呼ぶ手法がよく用いられる。

エキスパートシステム（expert system）は，専門家のもつ知識を知識ベースとして用いて，専門家並みの推論を行わせる。**知識工学**（knowledge engineering）が提唱され，いくつかの実験的な成功を収めた。推論規則のことをプロダクションともいうため，この種の自動推論システムを**プロダクションシステム**（production system）とも呼ぶ。

わが国でも1980年代に，**第5世代コンピュータ**（fifth generation computer）と称して，並列推論コンピュータの研究が行われた。しかし，時期と目標を見誤ったきらいがあり，成功したとはみなされなかった。

一方，マルチタスク的な動作で，プログラムが知識にアクセスするというモデルもしばしば用いられてきた。**デーモン**（daemon），**黒板モデル**（blackboard model），**エージェント**（agent）など呼び方はさまざまである。スタックを基本とする処理に対して，こちらは割り込みやイベント駆動の概念を起源とする。

分散処理の時代となって，そのようなモデルの研究も広く行われている。しかしながら，例えば「レストランに入った」という表現ひとつをとっても，その背後には実世界に関する膨大な知識が潜んでいる。それをコンピュータに蓄積して，理解させることの困難さを指摘する研究者も多い。

コンピュータの応答が，人間と見分けがつかなければ，機械が知的であるとみなせるという古典的な議論がいまだになされる。1950年に論じられた**チューリングテスト**（Turing test）である。しかし，おもちゃほどのプログラムで，人間をあざむくものも作られた。コンピュータが人間並みの知性をもてるかどうかは，まだまだ大きな難問である。

一方，コンピュータの性能がこのまま向上すれば，21世紀半ばには人間並みの知能が可能だとの見方もある。**ロボット**（robot）研究を行う**ロボット工学**あるいは**ロボティクス**（robotics）という分野が急速に発展しつつある。また，心理学分野とのかけ橋となる**認知科学**（cognitive science）と呼ばれる分野でも，人工知能分野と連携しつつ知能関連の研究が行われている。

9.2 学習・進化する機械

9.2.1 ニューラルネットワーク

機械に自動的に**学習**（learning）を行わせようと，さまざまな研究が行われてきた．**適応的**（adaptive）あるいは**自己組織化**（self-organization）型の人工知能である．

ヒトの脳の神経回路網を模した**ニューラルネットワーク**（neural network）というモデルがしばしば用いられる．**ニューロコンピュータ**（neurocomputer）ともいう．**コネクショニズム**（connectionism）というわかりにくい言葉も用いられる．自然言語処理などでの**記号主義**（symbolism）的に概念を学習させる研究との対比である．

脳の**ニューロン**（neuron）という神経細胞は，ある種の論理ゲートの役割を果たしていると考えられている．図 9.5 のように，入力信号に**重み**（weight）を掛けて足し合わせ，それがある**しきい値**（threshold）を超えたら，出力信号が出る．広い意味での多数決ゲートの一種である[†]．脳はニューロンがランダムに近い結合状態にあって，脳における学習とは，入力信号に掛

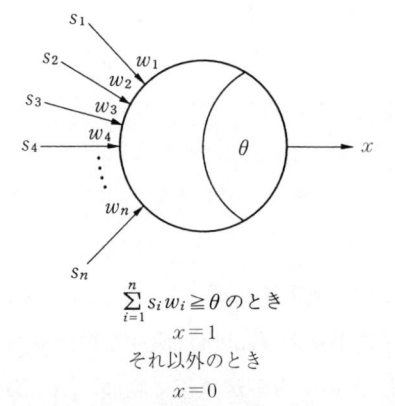

$\sum_{i=1}^{n} s_i w_i \geq \theta$ のとき
$x = 1$
それ以外のとき
$x = 0$

図 9.5 ニューロンの論理機能

[†] ニューロンモデル以外に，**ファジー論理**（fuzzy logic）という 0 ～ 1 の範囲の実数値を用いる論理が人工知能で使われることもある．ただし，数学的に欠点の多い体系である．

け合わせる重みや，出力信号のしきい値を，少しずつ変化させることだと考えられている．この機能をハードウェアやソフトウェアでまねれば，新方式のコンピュータを作ることができるかもしれないわけである．

初期に提案された**パーセプトロン**（perceptron）は，図 9.6 のように，非常に単純な構造をもっている．3 層で表現されるが，本質的なのは，連合層から反応層への結合荷重にすぎない．

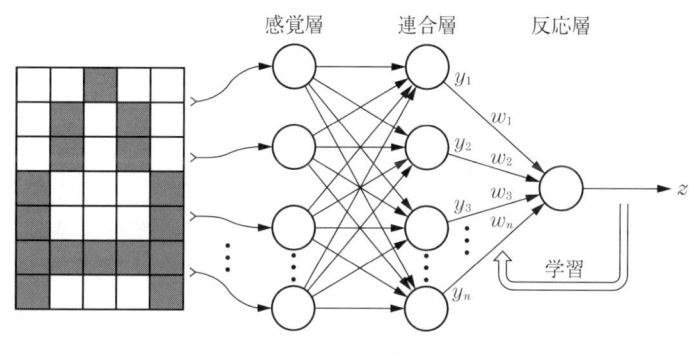

図 9.6 パーセプトロン

感覚層への入力は 0 と 1 の信号である．例えば，文字 A を見た視神経からの情報が，背景は 0 で，黒の部分が 1 といった信号で来る．それに対して，パーセプトロンが正しく A の文字コードを反応層から出せば，連合層との結合荷重をプラス方向に変化させる．一方，間違えた信号を出せば，結合荷重をマイナス方向に変化させる．これを繰り返していくと，結合荷重が望ましい値に収束することが知られている．

ところが，このような 1 層での学習は単純すぎて，例えば排他的論理和を学習できないなどの問題が生じる[†]．多層のニューラルネットワークでの学習を可能とするために，**誤差逆伝搬**（error backpropagation）という方法が考案された．逆伝搬の計算には微分が不可欠であるため，ニューロンの出力は離散的に変化するのではなく，S 字状に徐々に変化する関数がよく用いられる．

[†] パーセプトロンは，解空間を直線や平面で分離するなど，線形の範囲の学習のみが可能である．排他的論理和は非線形分離の問題に属する．

その学習法は，エネルギー最小化をめざす**最急降下法**（steepest descent method）あるいは山の頂上をめざす**山登り法**（hill-climbing method）などの物理的イメージで考えると理解しやすい（図 9.7）。極小点や極大点が複数ある場合，最適状態に到達しないおそれがあるため，乱数でノイズを加える**焼きなまし**（simulated annnealing）と呼ばれる手法などが補助的に用いられる。

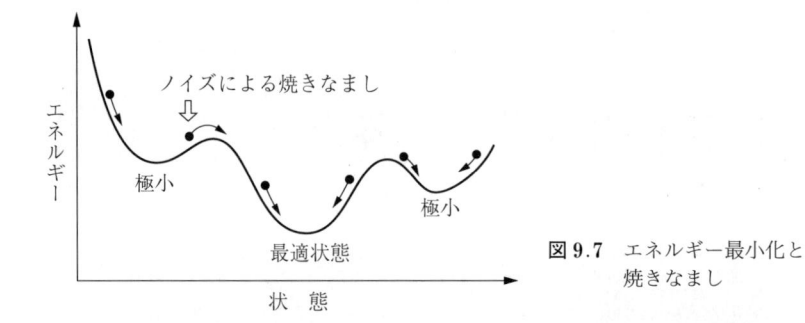

図 9.7 エネルギー最小化と焼きなまし

ニューラルネットワークは，一部のニューロンが壊れても，全体としてはほぼ正常に動作する。ただ，つねに誤りのない判定をするように学習させることが難しく，学習には長い時間がかかる。また，問題の規模が少し大きくなると，ニューロン数が多くなりすぎ，ハードウェア効率が非常に悪い。従来のコンピュータのように，逐次的にアルゴリズムを実行する構造にもなっていないという欠点もある。

なお，正解と比較しつつ学習するという方法を**教師あり学習**（supervised learning）という。一方，**教師なし学習**（unsupervised learning）では，正解を用意しない。類似した入力パターンを**クラスタ分類**（clustering）して，それらが同一の出力となるようにする，あるいは出力と入力をできるだけ一致させる，あるいは学習結果に対して環境から報酬を与えるなどの方法で学習させる。

9.2.2 遺伝的アルゴリズム

生物における遺伝のメカニズムを模した**遺伝的アルゴリズム**（genetic algorithm, **GA**）が研究されている。遺伝子からの類推によるモデルである。

コンピュータプログラムなどに**進化**（evolution）の概念を取り入れ，遺伝子の**交差**（crossover）や**突然変異**（mutation）などを行わせる．図9.8のように，複数のプログラム間で，遺伝子の一部が確率的にたがいに入れ替わったり，ランダムに変化する．

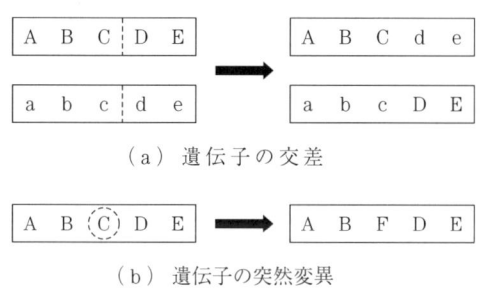

```
A B C : D E  ➡  A B C d e
a b c : d e  ➡  a b c D E
```
（a）遺伝子の交差

```
A B (C) D E  ➡  A B F D E
```
（b）遺伝子の突然変異

図9.8 遺伝的アルゴリズム

交差は遺伝子の交配に相当する．主要な進化の手段であって，大部分の変化を担当する．また，優れた個体に小さな突然変異を起こさせることによって，より優れた個体を出現させる可能性が生じる．

多数のランダムな個体から出発して，このような操作で世代を進める．そのたびに，性能のよいものを残し，劣るものを消滅させるという自然選択を行う．何世代も進化を続けると，優れた個体が生き残る可能性が高くなる．

この手法を本格的に適用するには，多数の並列コンピュータを利用するなど，大量の計算力を要する．また，遺伝的アルゴリズムが対象とするのに適した問題を選ぶべきである．特許出願に値する電気回路を進化的に設計するなど，実用レベルに適用するさまざまな実験が行われている．

9.3 パターン情報処理

9.3.1 画像処理

音声や画像などのメディア情報は，データ量がきわめて大きいため，用いることのできる情報処理手法が限られる．**画像処理**（image processing）などの

パターン情報処理では，データ量を n としたとき，一般に，演算回数のオーダに強い制限を受けることを，すでに5.3.1項で述べた。

画像に対するアルゴリズムのほとんどは，部分的に複雑なアルゴリズムを用いたとしても，全体としては n から $n \log n$ の定数倍程度の演算しか用いない。代表的な手法は，近傍の画素だけを対象とした演算である。

例えば，**図9.9**（a）に示すのは，**ラプラシアン演算子**（Laplacian operator）といって，2次元での2次微分に相当する演算を行う。デジタルなので，差分で近似している。中央の画素に対して，このマスクの係数をまわりの画素に乗じて足し合わせ，新たな画素の値とする。

この演算は，画像の輪郭を強調したり，抽出するのに用いられる。図9.9（b）の画像にラプラシアン演算子を適用し，その結果を適当に2値化して，輪郭に相当すると思われる部分を抽出したのが，図9.9（c）の画像である。

0	−1	0
−1	4	−1
0	−1	0

（a） ラプラシアン演算子

（b） 原 画 像　　　　　（c） 輪郭成分を抽出した画像

図9.9 ラプラシアン演算子の画像への適用

各種の局所的な近傍演算によって，例えば焦点のぼけた写真を鮮明にするなど，さまざまな実用的な画像処理を行える。

9.3.2 パターン認識

パターン認識（pattern recognition）の技術は，地道に研究が続けられている。文字認識の手法は，**光学的文字読み取り装置**（optical character reader）あるいは **OCR** と呼ばれる装置などで用いられる。例えば，この本のカバーにある ISBN で始まる文字列は，OCR 用の文字で印刷されており，文字認識しやすい字体になっている。

漢字圏であるわが国は，パターン認識技術に強く，世界でトップレベルにある。印刷漢字の認識なら，最高度のデータは，1000文字に1～2文字しか間違えないレベルだ。手書きの漢字でも，書いている筆順を追いながらの認識（オンライン認識という）が，コンピュータや携帯機器などで広く実用されている。

また，音声認識技術は，1990年代以後，性能がかなり向上した。特定話者や不特定話者を対象とする実用技術として普及している。

パターン認識は，もとのパターン情報のノイズ除去や位置ずれの修正などの**前処理**（preprocessing）を行った後，まず**特徴抽出**（feature extraction）を行う。そして，それらの特徴を用いて，**識別**（discrimination）を行う。

特徴抽出の方法は，さまざまなものが考えられている。例えば，**図 9.10**（a）のように，縦方向と横方向に射影をとり，それぞれの射影のデータを用いるというのも，特徴抽出の一手法だ。あるいは図 9.10（b）のように，文字の領域をいくつかのメッシュに区切り，それぞれのメッシュ内で，縦・横・斜めなどという形状の概略を判定するのも，特徴抽出の手法だ。理論的には，そのような特徴データは，多次元のベクトルとして表現できるだろう。多次元ベクトルといっても，もとの画素数よりはずっと少なくなっているから，特徴抽出という。

多次元空間で，このようなベクトルは，同じ文字に対応するものは近くに集

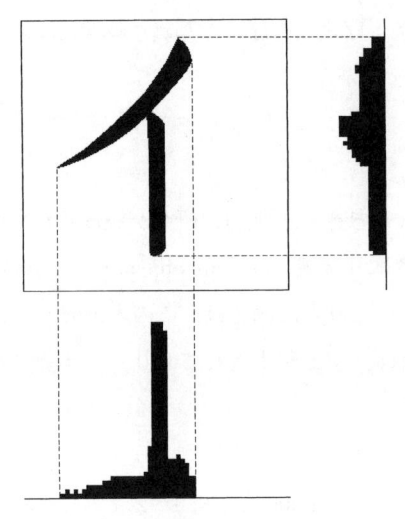

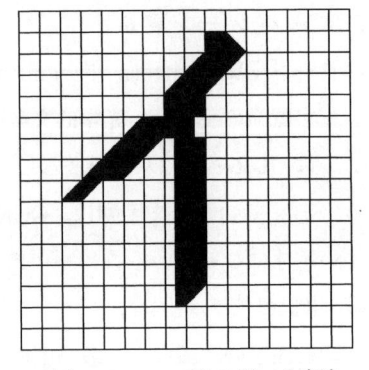

(a) 射影をとる方法　　　　(b) メッシュごとに調べる方法

図 9.10　特徴抽出法の簡単な例

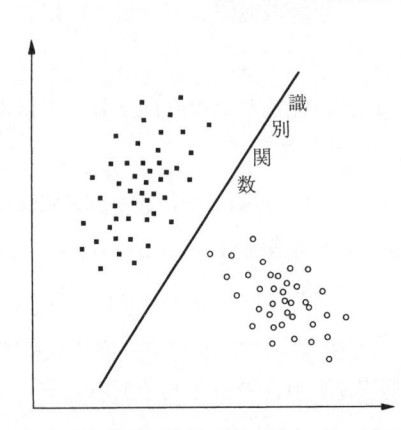

図 9.11　多次元空間での識別

まっていると期待できる．図 9.11 は 2 次元に模式化して描いたものだが，同じ文字どうしは例えば楕円状の 1 つの空間内に入っているわけである．

　異なる文字どうしの楕円に，たがいに交わりがなければ，それらは区別できるだろう．この識別に用いる関数を**識別関数**（discriminant function）という．図では，1 次関数を用いて，異なる文字に分離している．

　すぐ気がつくように，これで完全なパターン認識が行えるわけではない．特

徴抽出がうまくいかないこともあれば，識別に失敗することもある。パターン認識というのは，いまだに非常に困難な技術である。多少の間違いは，例えばコンピュータに国語辞書をもたせておき，変な文字の並びが認識結果となったら，意味の通じる文字に認識し直すといった作業で修正できる。ただ，このような人工知能的手法も，まだ完成度を高めている段階にある。

一方，音声認識においては，時間軸上での音声の伸縮を扱う必要があるため，動的計画法を応用した手法が一般的である。音声をフーリエ変換やコサイン変換してから，時間軸上での伸縮を考慮しながら，特徴抽出を行う。**隠れマルコフモデル**（hidden Markov model, **HMM**）と呼ぶ手法が普及して以来，性能がかなり向上した。

9.3.3 コンピュータビジョン

コンピュータビジョン（computer vision）は，人間の視覚をコンピュータで実現しようとする分野である。おもに3次元の物体認識や**情景解析**（scene analysis）がテーマとされてきた。ロボットの目として用いるなど，今後の実用上も重要である。

輪郭などの情報を利用して，2次元画像に対して**領域分割**（segmentation）を行い，物体などを認識する。しかし，画像を機械的に領域分割しても，物体をうまく抽出できるとはかぎらない。細かい模様のある領域はうまく分割しにくいし，例えば椅子を抽出するといっても，椅子の形状は千差万別だ。

基本的な手法としては，画像から出発して，情景へと認識レベルを高めていく解析手法を，**ボトムアップ解析**（bottom-up analysis）という。一方，例えば人間の顔の**モデル**（model）などを用いて，モデル側から画像を解析していく手法を，**トップダウン解析**（top-down analysis）という。両者を併用することが多い。しかしながら，コンピュータにとっては，非常に難しい処理だということである。

2次元線画の解釈で得られている知見に，非常に興味深いものがある。**制約伝搬**（constraint propagation）の理論である。

9. 知的情報処理

多面体の辺が抽出されて，線画で表現されているとする。例えば，**図 9.12** のような図である。これは 2 次元の線の集まりにすぎないが，どのようにして 3 次元の物体の集まりだと解釈すればよいのだろうか。

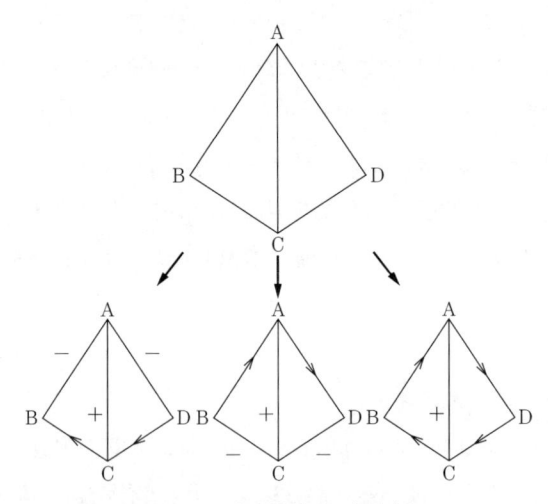

図 9.12 多面体線画の解釈例

制約伝搬の理論では，線にラベルをつける。「＋」は凸の辺，「－」は凹の辺，「→」は背景の前面にある辺である。このようなラベルを正確につけることができれば，線画を正しく解釈できたとする。図の場合には，3 通りの解釈が存在して，壁から飛び出ている物体，床から飛び出ている物体，背景の前に浮いている物体だ。そのどれもが正しい解釈とみなせる。

線画における複数の線の交点を，接続点（junction）と呼ぶ。接続点にはさまざまなラベルの可能性がある。**図 9.13** のようなものである。

制約伝搬アルゴリズムでは，最初は可能性のあるラベルすべてを各接続点に割り当てておく。そして，隣り合った接続点どうしを比較して，矛盾するラベルを取り除くという操作を行い続ける。そして，矛盾するラベルがなくなった時点で止める。その実行結果が図 9.12 である。

さらに**図 9.14** のように，影のある多面体の線画を対象とした場合には，ほとんどが非常にうまく解釈できることが知られている。影つきの場合，ラベル

接続点 A	↑ +/− +	↑ −/+ −	↑
接続点 B	⦗ +/+	⦗	⦗ +/+	⦗ −	⦗	⦗ −
接続点 C	↓ +	↓ +	↓ − +
接続点 D	⟩ +	⟩ +	⟩ −	⟩ −

図 9.13　接続点のラベル

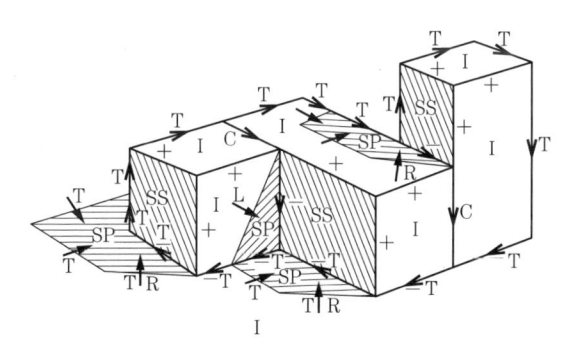

図 9.14　影のある多面体線画の解釈例

は 3 256 種類にもなるが，知識をたくさん用いた方が高精度になる．しかも，用いる制約はすべて局所的でありながら，それらを伝搬させるだけで，大局的な解釈に至るところが興味深い．

実用システムでは，2 台以上のカメラを用いた**立体視**（stereo vision），超音波やレーダの併用など，現実的なシステム構成がとられ，市販自動車やロボットなどで用いられている．高度な知的情報処理システムが，実験室外で普通に実用される時代が到来している．それとともに，機械に知能をもたせる研究は，人間の知能をより深く知るという研究にもつながっている．いまや新たな知性体を創造しようとしつつある人類が，いったいこの宇宙におけるどういう生物であるのかは，科学技術だけで答えられる問題ではないだろう．

演習問題

9.1 問題の大きさ n に対して，2^n のオーダの計算量を必要とするアルゴリズムがある．1台のプロセッサで $n=30$ まで解けるとき，$2^{10}=1\,024$ 台の並列コンピュータでは，どの程度の大きさの問題まで解けるだろうか．

9.2 図9.1と同じ問題について，マッチ棒7本の場合に，AND/OR木を書いて考察してみよ．先手と後手がともに最善を尽くして戦うとしたら，どちらが勝つか．

9.3 英語を日本語に自動翻訳するソフトウェアを，コンピュータ内かWebで見つけて使ってみよ．どんな文章がうまく翻訳できて，どんな文章がうまくできないかをいろいろ試してみよ．

9.4 図形の輪郭は，しばしば**チェイン符号化**（chain coding）によって表現される．45°ごとの傾きをもつ8通りの線分（長さは1または$\sqrt{2}$）で，輪郭の画素をたどっていく．輪郭は，8通りの整数値 $k=0, \cdots, 7$（傾きは $45\,k\,[°]$）の系列で符号化される．では，閉図形であるための必要十分条件は，チェイン符号 k の生起回数を n_k とするとき，

$$n_1 + n_2 + n_3 = n_5 + n_6 + n_7$$
$$n_3 + n_4 + n_5 = n_0 + n_1 + n_7$$

であることを示せ．

9.5 ちょうつがいで開閉するドアのノブを，ロボットが握ったとする．ロボットにドアを開けさせるためには，ちょうつがいを中心軸とするノブの軌跡を正確に計算させるべきか．それとも他の制御法がよいか．

9.6 将来，人間と知性をもったロボットとが共存するようになったとして，そんな時代について自由に考えてみよ．現在の若者世代が，生きているうちに実現する可能性が皆無でないことに注意せよ．

10 コンピュータ科学の諸課題

　最後の章では，コンピュータ科学に残された課題のいくつかを述べておこう。複雑さの問題や，計算の限界は，科学上の大きな課題である。一方，暗号技術では，計算の困難さを積極的に利用する。デジタル技術は，社会や文明に深く組み込まれ，著作権問題を始め，社会的問題とも直結する時代となっている。

10.1 複 雑 さ の 壁

10.1.1 複雑さの壁への挑戦

　コンピュータ科学は，めざましい進歩を遂げてきた。10年で100倍という性能向上を続けている分野など，人類史上いまだかつて，コンピュータ分野以外にはなかったことだろう。しかし，それほどの進歩を続け，ゲーム機でさえ1秒間に1兆回以上の演算能力を獲得しながら，コンピュータには解けない問題が，数多く残されたままである（5.4.2項と5.4.3項なども参照し直すとよい）。

　われわれの前途には，「**複雑さの壁**」（complexity barrier）とでもいうべき障壁が立ちはだかっている。計算に指数時間を要する問題は，宇宙の全物質を使ってコンピュータを作っても，従来の方式では解ききれない。それはきわめて深刻な限界である。また，人工知能やパターン認識分野では，コンピュータが誕生して間もないころ，1960年代にも人間並みのレベルに到達するのではないかと予想された。だが，難しさが時とともに認識されていった。

ただ，人工知能がめざす知的システムには，人間という知的生命体に確固たる実現例がある。神でなければ手に入れられない技術だと考える理由は存在しない。人間並みの知性をもつロボットは，楽観的な予想では，21世紀半ばまでにも実現すると考えられている。

解決できると信じられるが，まだ解決できていない問題は，科学技術が進歩する大きな原動力である。若い人たちが果敢に挑戦できる領域が，コンピュータ分野には数多く存在する。ぜひ注目しておくべきである。

10.1.2 ソフトウェア工学

コンピュータというハードウェア自体は，原理的にはごく簡単な機械である。その上にソフトウェアを構築することによって，コンピュータはいかなる情報処理にも対応してきた。ただ，ソフトウェアは作りにくくて，その生産性が向上しないことが，1970年代までに認識された。ソフトウェアの量的・質的不足が重大な問題となって，**ソフトウェア危機**（software crisis）と呼ばれた。ソフトウェアのバグを除き，信頼性を向上させるのは，非常に骨の折れる作業である。

生産性の問題を解決するために登場したのが，**ソフトウェア工学**（software engineering）である。この言葉は，1968年に初めて使われたといわれる。巨大化し，複雑化するソフトウェアの生産を，理論と実践技術の立場から効率化しようとする研究である。

プログラムの大きさが2倍になったとき，それを作る手間は，2倍ではすまない。プログラム中で関係し合う部分が増えるため，相互関係をチェックすると，サイズの2乗近い手間がかかる傾向がある。しかも，ソフトウェアはますます大きくなって，銀行のオンラインシステムなどでも，数千万行を超えるソフトウェアが開発される。人類の作りあげた最も複雑な構造物の一群が，コンピュータソフトウェアだということである。

構造化プログラミング（structured programming）という考え方では，プログラムを小さな**モジュール**（module）に分けて作ることが推奨される。相

互関係がからみ合うのをできるだけ避ける。プログラム中でジャンプを行う goto 文は有害だという見解もある。

製造工程を見直したり，開発環境も整備されてきた。プロトタイプの試作を重視する立場もある。また，オブジェクト指向プログラミングによって，プログラムの部品化が進み，再利用率が向上したため，ソフトウェアの生産性がかなり向上した。ただ，新規なアルゴリズムのプログラミングは，生産性が大きく改善されたわけではない。

ソフトウェアは**工業製品**であり，たくさんの人が手分けして作っても，品質が安定しているべきだという立場が，製造現場で重視される。しかし一方では，ソフトウェアは**芸術作品**だという立場もまた，多くの人々に支持されている。ただ，いずれの立場をとるにしても，ソフトウェアが複雑で融通がきかないという批判に対して，技術によって完全にこたえられる時代はなかなか来ないようである。

10.1.3　複雑系の科学

複雑さの壁は，20世紀の科学技術全体に対して立ちはだかりつつあった。**複雑系**（complex systems）という科学が，今世紀の科学における最大のテーマのひとつになるのかもしれないと，コンピュータ分野でもさかんに研究されている。

きわめて簡単にみえる系から，無限の複雑さが発生しうる。図 10.1 は，**マンデルブロー集合**（Mandelbrot set）と呼ばれる集合と，その周辺部を，いくつか図示したものである。

マンデルブロー集合は

$$x_{n+1} = x_n^2 + c \quad (x と c は複素数)$$

という式で表現される系から発生される。図 10.1（a）で黒く塗りつぶしてあるのは，小さな値 x_0 から出発して，この式の操作を何度繰り返しても，x の値がいつまでも有限の範囲にとどまるような，複素数 c の領域である。じつは，マンデルブロー集合の細部を拡大していくと，いくらでも複雑な構造が

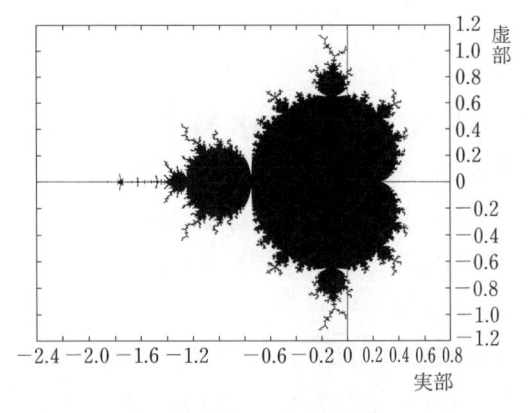

(a) マンデルブロー集合

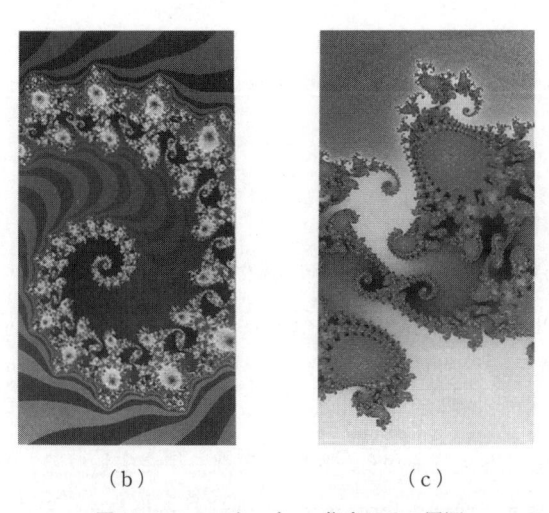

(b)　　　　　　　　(c)

図 10.1　マンデルブロー集合とその周辺

出てくることが知られている。この集合の境界部を，発散の速さに応じて色分けした図 10.1（b）以下は，まるで芸術作品のような複雑さと美しさをもっている。

　ごく簡単な式の中に，調べ尽くせないほどの複雑さが潜んでいる。コンピュータを駆使しなければ，かいま見ることもできなかった科学の分野である。

　先駆的な研究としては，3つ以上の質点が相互に重力を及ぼし合うという多

体問題の力学において，**ポアンカレ**（Henri Poincaré）という数学者が，非常に複雑な運動が発生することを発見した。19世紀末のことである。

彼が発見したような現象は，近年，**カオス**（chaos）と呼ばれる。カオスとは混沌という意味である。**非線形**（nonlinear）の項を含んだ系では，初期値がほんの少し異なるだけで，系の未来のふるまいがまったく変わってしまうことがある。確率が関与せず，**決定論的**（deterministic）な数式だが，未来を予測できないという事態が起こりうる。それがカオスである。

天気予報のための流体力学の偏微分方程式も，同様の性質をもっている。宇宙の果ての電子1個から及ぶ程度の誤差で，2週間先の天気が地球規模で変わる。チョウチョウが羽ばたいただけの気流の乱れさえ，未来を変えてしまうのが，決定論的カオスの世界である（演習問題4.4の解答も参照するとよい）。

ニュートン力学では，初期値が定まれば，未来は完全に予測できた。しかし，量子力学における不確定性原理がそれを打ち砕いた。そしてカオスによって，量子サイズの世界でなくても，われわれは未来を知りえないことを，いまや認めなければならなくなっている。

このような数学もさまざまな応用を見いだしている。カオスとごく近い概念として，**フラクタル**（fractal）がある。不規則な海岸線や山の起伏，雲の形，植物の枝ぶりなど，非常に複雑な形状が，**自己相似**（self-similar）な形の繰り返しで近似できる。マンデルブロー集合はフラクタルの一種である。

フラクタル理論は，コンピュータグラフィックスに利用されて，多くの美しい作品を生み出している。図10.2は「フラクタル惑星」という例だ。これは地球の写真ではなくて，コンピュータグラフィックス技術によって生成された画像である（8.3.1項の中点変位法を応用した）。

複雑系には，**べき乗則**（power law）が現れることが多い。頻度が x^{-a} ($a>0$) に比例する関数で近似される。周波数 f に反比例する **f分の1ゆらぎ**（$1/f$ fluctuation）などである。図10.3は英単語の使用頻度のグラフであり，両対数グラフで表現すると，傾きが負の直線で近似される。**ジップの法則**（Zipf's law）という。

192　　10. コンピュータ科学の諸課題

図 10.2　フラクタル惑星（Richard F. Voss 作，1982 年）

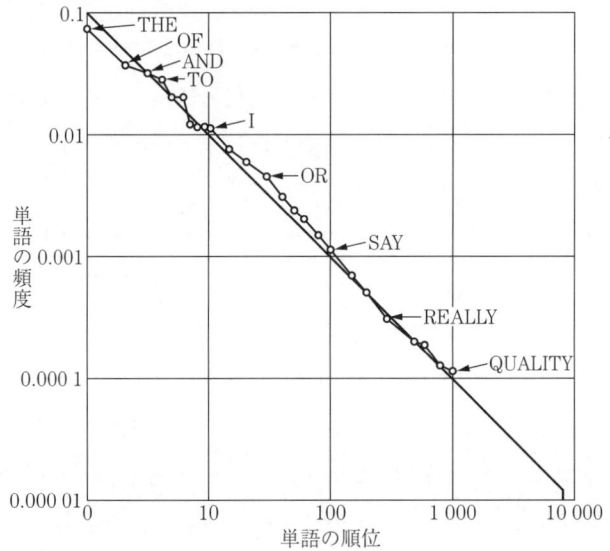

図 10.3　英単語の頻度におけるジップの法則

　複雑系の分野では，生命進化や生物の適応現象なども研究される。**人工生命**（artificial life）あるいは **AL** と呼ばれる研究では，コンピュータ内部で進化させたり，生体の動作を模倣するプログラムなどが作られる。生物の大群集シーンのコンピュータグラフィックスは，映画でもさかんに用いられる。

10.2 計算のパラドックス

10.2.1 チューリング機械と停止問題

チューリング（Alan M. Turing）というイギリスの数学者は，コンピュータが誕生する以前，1936年に，その数学モデルを作った．彼のモデルをいまでは，**チューリング機械**（Turing machine）と呼んでいる．コンピュータに対する深い洞察を与えるモデルである．

チューリング機械というのは，概念的には，図10.4のような機械である．ごく単純な構造をしている．順序回路が1つあって，それに読み書き用のヘッドが1個ついている．ヘッドの先には，無制限の長さのテープがあって，このテープを左右に1マスずつ動かしながら，データを読み書きする．まるでカセットレコーダのような機械だ．

チューリングは，**万能チューリング機械**（universal Turing machine）を作れることを証明した．万能チューリング機械とは，テープ上にプログラムを書いておき，そのプログラムに従って動くチューリング機械である．万能とは，他のどんなチューリング機械の動作も模倣できるという意味である．

その後のコンピュータ科学者たちの研究によれば，およそ「**計算**」といえるものはなんでも，この万能チューリング機械で実行できると信じられている．

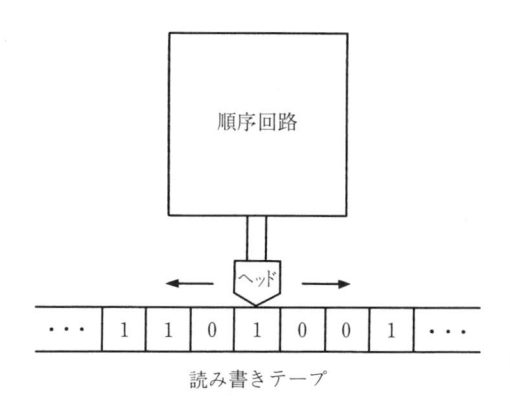

図10.4 チューリング機械

つまり，万能チューリング機械は，万能コンピュータのモデルというわけだ。このチューリング機械には，深遠な理論的結果が知られている。コンピュータには解けない問題がある，という否定的な結果である。

最も有名なのは，チューリング機械の**停止問題**（halting problem）である。与えられたプログラムが，与えられたデータに対して，停止するかどうかを，コンピュータが自動判定できないというものだ。停止しない場合，それを有限時間で判定するのが困難だと考えればよい。ただ，証明テクニックは独特である。1936年にチューリングの行った背理法による証明を簡単に紹介しよう。

任意のプログラム P に，任意のデータ X を与えたとき，有限時間で停止性を正しく判定して結果を出すプログラムを，$A(P, X)$ と略記しよう。

証明には3つの工夫がある。1つ目の工夫は，$A(P, P)$ という妙な判定を考えることである。つまり，プログラムに自分自身をデータとして与える。

2つ目の工夫は，プログラム $A(P, P)$ を少し変更して，図10.5のようなプログラム $B(P)$ を作ることだ。A が停止すると判定したとき，B は無限ループに入って停止せず，一方，A が停止しないと判定したとき，B は停止する。

そして，3つ目の工夫として，$A(B, B)$ の判定結果を考える。

もし A が「B は停止する」と判定したとしよう。しかし，停止と判定したとき，B は停止しないように作ってあるので，矛盾である。

同じく，「B は停止しない」と判定しても，そのとき B は停止するように作ってあるので，また矛盾である。

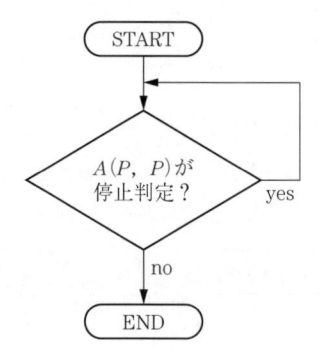

図10.5　プログラム $B(P)$

頭が混乱しそうだが，以上で証明できたわけだ．**非可解性**（unsolvability）や**決定不能性**（undecidability）に関するさまざまな結果が知られている．例えば，デバッグを全自動で行うプログラムは作れないなどだ．

10.2.2 論理とパラドックス

この種の矛盾が生じることを，**パラドックス**（paradox）という．日本語では**逆理**ともいう．例えば，

　　　「ここに書いてあることはウソである」

という文は，考えているうちに，その真偽が混乱してしまうだろう．停止問題の証明に利用されたのも，この種のパラドックスである．古代ギリシャ以来，論理の分野では，さまざまなパラドックスが発見されてきた．「クレタ人はみんなウソつきだ，とクレタ人が言った」もその例だ．

このようなパラドックスには，特徴となる構造がある．ひとつは**自己言及**（self-reference）である．もうひとつは，ウソなど**否定**（negation）表現である．言及のループ中に否定が存在する**ネガティブフィードバック**（negative feedback）型が本質である．次のような相互言及型も可能である．

　　　「右の文はホントだ」　「左の文はウソだ」

パラドックスの一群は，現代数学の基礎さえ揺るがした．数学の基礎であるはずの集合論にも矛盾が生じることがわかっている．

数学者**ゲーデル**（Kurt Gödel）が，1931年に証明した**不完全性定理**（imcompleteness theorem）は，自然数の算術を行える数学の体系では，その体系内で真である命題であっても，その体系内で証明できないものが存在するという驚くべき結果を示した．数学的には，チューリングの停止問題と兄弟分である．それらの証明のいずれもが，数学，コンピュータ，知性などの不完全性を暗示している．いかなる知性であろうと，永遠に解決できない問題が存在する．時間をいくらかけて計算しても，解決しえない問題である．

チューリングやゲーデルの問題は，いずれも実質的な**無限**（infinity）をその概念内に含んでいる．厳密な有限の世界での問題ではないため，数学者以外

はあまり実益を感じないだろう．その点が NP 完全性問題などと異なる．

一方，論理の世界では，もっと実際的な問題意識も必要である．例えば，人工知能による自動推論システム中に，A と $\bar{A}$ という矛盾する事項が，ほんの1件でも登録されていたとしよう．この場合，「$p \Rightarrow (\bar{p} \Rightarrow q)$」（$\Rightarrow$ は"ならば"を表す）という恒真の論理式を用いると，どんなでたらめな命題であろうと，じつはこのシステムでは真だと推論可能になってしまう．つまり，自動推論システムとして，信頼できるものにならないのである．

これは困難な問題である．人工知能やロボットに，けっして間違えた知識を与えてはならない．たった1件の間違いでも，人工知能が狂ってしまうということである．

10.2.3 ゲーム理論におけるパラドックス

ゲーム理論（game theory）という分野の問題も紹介しておこう．ゲーム理論は，経済学分野などでよく研究されている数学である．合理的な戦略によって，自分の利益を増やそうとする対戦者どうしを扱う．多数のコンピュータが，ネットワーク結合されているモデルともみなせるので，コンピュータ社会の未来を考える数学ともいえるだろう．

（1）**囚人のジレンマ**（prisoner's dilemma）　表 10.1 は，囚人のジレンマといわれるゲームである．ジレンマとは，どうしてよいかわからない二律背反の板ばさみ状況のことだ．

2人の囚人 A と B が，たがいに相手の状況を知ることができない状況におかれている．検事がいうには，「黙秘する」，「共犯だということを自白する」と

表 10.1　囚人のジレンマ

		囚人 B	
		黙 秘	自 白
囚人 A	黙秘	A：2年 B：2年	A：10年 B：釈放
	自白	A：釈放 B：10年	A：5年 B：5年

いう2つの方策がある。2人とも黙秘し続ければ、刑は軽くて、2年ずつになる。ただし、Aが黙秘しているのに、Bが自白すると、Aには懲罰的に10年の刑が科され、Bは釈放される。かといって、2人とも自白してしまうと、刑は5年ずつになる。

どう行動すればよいかが問題だが、Aの立場に立ってみると、Bが黙秘し続けた場合、Aが黙秘なら刑は2年、Aが自白なら0年で、Aにとっては自白が有利だ。またBが自白した場合にも、Aが黙秘なら刑は10年、Aが自白なら刑は5年で、Aにとってはやはり自白が有利だ。

Aはつねに自白が有利なはずであり、Bの立場でも同じく自白が有利だ。しかし、2人とも自白した場合よりも、2人とも黙秘した方が刑が軽くなる、というのがこの問題のジレンマだ。

他者との**相互作用**（interaction）のある環境では、合理的に考えたはずなのに、結果が悪くなるというパラドックスが起こることがある。その結果、判断が非常に難しくなる。

（2）**ムカデのゲーム**（centipede game）　図10.6に示すのは、それを発展させたムカデのゲームだ。2人の対戦者はたがいに協力し合わないと仮定する。交互にイエスかノーの決断をしていって、AかBのどちらかがイエスと言った時点で、ゲームが終わる。そのときの賞金が図10.6のとおりで、両者ともゲームが始まる前からこれを知っている。

図を見ると、ノーと言い続けた方がよさそうだが、そう簡単なゲームではない。最終回で、Bはかならずイエスと言うはずだ。その方がBの賞金が多くなるからだ（イエスなら101ドル、ノーなら100ドル）。それが予想できるも

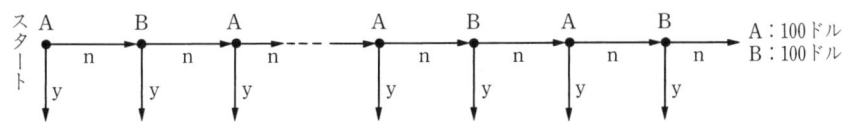

図10.6　ムカデのゲーム

のだから,その1回前に,Aはイエスと言うはずだ.なぜならその方がAの賞金が1ドル増えるからだ(イエスなら99ドル,ノーなら98ドル).

この後戻り推論を続けていくと,なんとイエスと言うべき回がどんどんさかのぼっていくのがわかる.そして,第1回目にAがイエスと言って,ゲームを終えざるをえなくなる.獲得賞金は2人とも1ドルずつ.最終回までたどり着いたとしたら,2人とも100ドルずつもらえるはずだったのだが.

いかにも理性的に見える論理というものが,必ずしも絶対的に信頼しきれるものではない,というのがゲーム理論の教える教訓になっている.

人間ならもっと柔軟に判断するだろうが,コンピュータプログラムの場合には,このゲームのような論理を,どこまでも続けていく仕組みになっていることが多い.コンピュータの論理には,潜在的な危険が伴っているおそれがある.

コンピュータプログラムが,自動的に人間の代理人を務めるという,**エージェントシステム**(agent system)の研究が行われているが,このムカデのゲームのような問題は解決していないわけである.

(3) **投票のパラドックス**(voting paradox)　また,**表10.2**は,投票のパラドックスの例である.ア,イ,ウの3人が,A~Gの7つの対象に対して,それぞれ順位をつけた.順位が上のものほど優れているとする.

この順位のもとで,2つずつの勝ち抜き多数決を行ってみよう.まず,AとBとを比較する.イとウは,Bの方が優れていると判断するので,多数決でBが勝ち残る.そのBを,Cと比べてみると,今度はアとウが,Cの方が優れ

表10.2　投票のパラドックスの例

順位	ア	イ	ウ
1	A	B	C
2	D	A	B
3	C	E	A
4	B	D	F
5	G	C	E
6	F	G	D
7	E	F	G

ていると判断するので，多数決ではCが残ってしまう．

これをアルファベット順で続けて，さらに勝ち抜き多数決を行っていくと，最終的に，Gが最も優れているとして残ってしまう．しかし，全体を見渡したなら，おそらくGが最も劣っていると判断されるだろう．

このような投票のパラドックスは，アロー（Kenneth J. Arrow）の**一般不可能性定理**（general impossibility theorem）で理論化されている．民主主義の不完全性を示唆して，ノーベル経済学賞を受賞した．

相互作用のある系は，非常に奇妙なふるまいをし，常識と異なる結果をもたらすことがある．脳のニューロンも，多数決を一般化した仕組みであると考えられているため，脳内での判断で同種の現象が起こっている可能性がある．

10.3 複雑さに挑戦する技術

10.3.1 非ノイマン型コンピュータ

プログラム内蔵式コンピュータでは，さまざまな限界にぶつかってしまう．そこで，別のもっと新しい方式のコンピュータを考えようという研究が行われている．

非ノイマン型コンピュータ（non von Neumann computer）と総称されるようなコンピュータの研究である．並列コンピュータなどもその中に入れることがあるが，人間の知的機能を，従来のコンピュータプログラムと異なるような，別の方式で機械化しようというさまざまな研究ととらえてよいだろう．

光コンピュータ（optical computer）のように，光学的な結像，回折，散乱などを利用して，目のパターン認識機能に接近したり，人工網膜のような素子を作ろうという研究がある．電気信号による回路を，光信号による回路で置き換える研究も多い．

バイオコンピュータ（biocomputer）の研究では，トランジスタよりもっと微細な素子を，タンパク質などで作ろうとしたり，あるいは生体に近い知的メカニズムを，脳の研究などを通じて探究している．

シリコン半導体技術では，2020年ころに，トランジスタの微細化が限界に達するという見方があり，**有機エレクトロニクス**（organic electronics）の研究が急速に進歩している。ディスプレイ，電子ペーパ，記録媒体，メモリ，センサ，太陽電池などでの実用化も拡大している。

DNA コンピュータ（DNA computer）の場合には，人工 DNA（デオキシリボ核酸）を用いて，指数関数オーダの計算を並列的な化学反応で行う。アボガドロ数個程度の計算を行える可能性があり，実験レベルでは成功している。

また近年は，**量子コンピュータ**（quantum computer）という新しいコンピュータの基礎研究も行われている。量子には，0と1というような複数の状態を同時にとれる性質がある。n個の量子を用いると，原理的には，2^n通りの計算を一気に行える可能性がある。ただ，量子状態のからみ合いを維持し続けるのが難しく，基礎研究の段階に長くとどまっている。また，有力なアルゴリズムが少数しかないという問題点もある。

10.3.2 暗号と情報セキュリティ

計算の困難さを，逆に利用するという技術分野も存在する。工学者たちはたくましい。その典型が近年の**暗号**（cryptography または cipher）技術であり，情報セキュリティのために多用される。

情報通信分野で実用される暗号方式には，大別すると**秘密鍵暗号**（secret key cryptography）と**公開鍵暗号**（public key cryptography）がある。

秘密鍵暗号は**共通鍵暗号**ともいい，**暗号化**（encryption）と解読（decryption）のための鍵が共通であって，それを隠して通信を行う。**AES**（advanced encryption standard）などが広く使われる方式である。鍵の情報をもとに，データをかき混ぜて暗号化する。鍵長は128ビットや256ビットなどである。

公開鍵暗号では，暗号化と解読で鍵が異なる。そして，暗号化のための鍵を公開しておく。すると，だれでも暗号化できるが，その暗号文を解読できるのは，解読鍵をもっている人物のみとなる。自動ロックのドアはだれでもロックできるが，開けるのに鍵が必要だ。それと同様の仕組みを情報技術で実現して

いる。

RSA暗号（Rivest-Shamir-Adleman encryption system）という公開鍵暗号が有名で，広く用いられている。発明者の頭文字が名称となっている。鍵長は1024ビット程度以上が望ましい。秘密鍵方式より計算量が多いため，パスワードなど一部の情報の暗号化に用い，大量の書類などの暗号化は秘密鍵方式を用いるのが通常である。

RSA暗号では，非常に大きな2つの素数を隠しておく。そして，その積を公開する。例えば，1024ビットの整数を見せられて，それを2つの素数の積に分解しろといわれても，計算には指数関数オーダの時間をかける以外に，有力なアルゴリズムが知られていない。計算の困難さを積極的に利用している[†]。

RSA暗号は，**電子署名**（electronic signature）にも用いることができる。電子的な印鑑である。暗号化と解読の方法が対称的であるので，解読側の手順を用いて暗号化すると署名になる。公開鍵でそれを解読できて，本人であると**認証**（authentication）できる。

また近年は，パターン認識技術が情報セキュリティ用途に広く応用されている。指紋，手や指の静脈パターン，目の虹彩，人相，声，DNAなどをコンピュータで識別する。**生体認証**あるいは**バイオメトリクス**（biometrics）認証と呼ばれる。

パターン認識技術を用いる場合，静脈パターンなどのように，個人差の大きい生体情報を用いる方が，精度が高い傾向がある。生体認証は，他人のなりすましに強いとされるが，究極の個人情報を用いることへの抵抗もある。生体情報が流出した場合，印鑑のように作り直すことができないのも問題である。

一方，**量子暗号**（quantum cryptography）という新しい暗号方式も実用されている。量子テレポーテーションという比喩で述べられる量子力学効果を応

[†] 大きな素数 p と q を隠す。公開するのは，積 $n=pq$ および，$(p-1)(q-1)$ とたがいに素な整数 e である。平文（もとの文）を e 乗して，n で割った余りが暗号文となる。解読には，ed を $(p-1)(q-1)$ で割った余りが1となる d を用いる。暗号文を d 乗して，n で割った余りを求めればよい。p と q を知っていれば，d や e は容易に決められる。

用する．盗聴すると，量子状態が変わってしまうため，盗聴がまったく不可能な究極の暗号である．

10.4 人間社会とコンピュータ

10.4.1 安全な情報社会

現代的なコンピュータは，高射砲の弾道計算や，敵国の暗号解読のために誕生したという経緯がある．当初は最高機密に守られた兵器の一種だった．インターネットも同様に軍事技術として誕生したわけである．しかしコンピュータは，パソコンの時代に入って，明確にその方向を転じた．現代のコンピュータは，人間の知的能力を増幅する道具であり，そしてなによりも，コミュニケーションのためのインタフェースとして機能している．

コンピュータという**機械**との**共生**（symbiosis）が，人間にとってより豊かで快適なものであってほしい．安全で快適な**情報社会**（information society）を築くために，さまざまな努力を払わなければならない．

コンピュータは，社会のさまざまな場所で広く用いられているので，その技術の**安全性**は，さまざまな観点から考慮されなければならない．

（1） ハードウェアおよびソフトウェアの信頼性向上
（2） データの破壊防止
（3） 情報の安全性と個人情報の保護
（4） 知的所有権の保護
（5） 犯罪，災害などに対する対策
（6） 人間の健康への配慮
（7） モラルの向上
（8） 科学技術の無限定な進歩への歯止め

問題は，①技術自体における安全性，②人間と機械とのかかわりにおける安全性，③自然災害とのかかわりにおける安全性，④コンピュータ的論理固有の問題にかかわる安全性，などに分かれてくる．

10.4 人間社会とコンピュータ

ハードウェアの信頼性はかなり高いが，万全ではない。コンピュータが誤りを起こさない機械だというのは，迷信にすぎない。また，ソフトウェアには，バグが混入しているおそれがつねに伴っている。コンピュータデータは，ハードウェアのエラー，ソフトウェアのバグ，人間の操作ミス，故意の破壊などにより，消失のおそれにさらされている。だいじなデータは，**バックアップコピー**（backup copy）をとるなど，多重化しておく習慣をつけるべきである。

コンピュータと通信の安全性と秘密保持は，主として暗号技術や生体認証技術で守られる。暗号は解読に何万年もかかる強度が望ましい。**電子マネー**（electronic money），映像データなどの不正コピー防止，自動車の盗難防止用の**イモビライザ**（immobilizer）などに暗号技術が広く用いられる。また，生体認証技術は 2000 年代以後に普及し，パスポートなどにも採用されている。

個人情報保護法が，2005 年にわが国で完全施行された。生きている個人の情報が保護される。5 000 件以上を扱う事業者が，個人情報取扱事業者である。自らの情報とともに，他人の情報にも十分に配慮すべきである。メールアドレスを Web で安易に公開すると，広告メールなど迷惑メールを大量に送りつけられるので，注意すべきである。

知的所有権（intelligent property right）は**知的財産権**ともいわれる。**工業所有権**（industrial property）と**著作権**（copyright）に分類される。工業所有権は**特許権**や**商標権**などであり，特許庁に出願して認められなければ発生しないが，著作権は手続きなしに発生する。

特許権は出願後 20 年間，著作権は著作者の死後 50 年間有効である。近年は知的所有権関連の法制がかなり強化され，ソフトウェア特許やビジネスモデル特許など新しい特許が認められるようになった。

デジタル情報通信の急速な進歩とともに，著作物の不正コピーが大きな問題とされている。法改正によって，懲役刑も科される。ただ，著作権に対する見方が，産業界寄りにかたよる傾向が強いのもまた問題である。**私的複製権**も厳然とした権利であるため，両者のバランスが必要との意見も強い。ネットワーク時代の法制度としてさまざまな議論がなされている。

著作者の権利には，著作権とともに，**著作者人格権**（moral right）がある。文章や楽曲などを安易に改変して，Web などに公開してはならない。一方，**表現の自由**（freedom of expression）が民主主義社会の根幹をなす原理であることも忘れてはならない。

また，サーバを用いない**ピアツーピア**（peer to peer, **P2P** または **PtoP**）の通信方式で，ファイル交換を行うことの違法性が問題視される。暗号や**電子透かし**（digital watermark）などによる**デジタル著作権管理**（digital rights management, **DRM**）の仕組みで対処する努力などがなされている。

コンピュータに関連する犯罪には，不正侵入やコンピュータウイルスなどさまざまなものがある。国際的なネットワーク犯罪の急増に伴い，**サイバー犯罪条約**（Convention on Cybercrime）[†] が 2001 年に作成され，わが国でも 2004 年に国会で承認された。なお，**ハッカー**（hacker）という言葉は，高度な知識をもったコンピュータマニア一般を指すので，犯罪者には**クラッカー**（cracker）という言葉も使われる。

天災や不慮の停電事故など，コンピュータの**災害対策**も重要である。また，コンピュータ技術や通信技術が，災害時に有用であることが，すでに広く認められている。有線通信網とともに無線・衛星通信網などを整備することにより，大災害が発生したときにも，通信の途絶を最小限にとどめることができる。

コンピュータの健康面への影響では，眼精疲労，腱鞘炎などに注意しなければならない。一定時間ごとに休息をとるなどの配慮が必要である。電磁波の影響は未解明である。身体への影響とともに，精神への影響も研究されており，ネットワークでの有害情報の問題などが問われている。

モラルの向上に関しては，ネットワークでのエチケットとしての**ネチケット**（netiquette）など，意識の向上が呼びかけられている。コンピュータの向こう側には，つねに生身の人間が存在することを忘れるべきでない。

[†] サイバーは，**サイバネティクス**（cybernetics）という**ウィーナ**（Norbert Wiener）による初期の情報・制御学に由来する。ギリシャ語の kiber（舵）からとった。

また，コンピュータ科学を含めて，科学技術の限りない進歩への不安も論じられる．科学技術の事前評価としての**アセスメント**（assessment）が重要になっている時代である．

10.4.2 より人間的な社会をめざして

情報社会は，マスコミではつねに，管理社会の問題とからめて論じられることが多かった．近年はわが国でも，住民基本台帳ネットワークシステムが実用化された．しかし従来から，国民総背番号制への危惧が語られ，コンピュータによって人間を管理する社会への不安が根強いのも事実である．

オーウェル（George Orwell）の小説『1984年』は，負のイメージの情報社会を暗示するような，暗い全体主義社会を描いた空想小説だった（芸術家の想像力と創造力の偉大さを味わうために，一読を勧める）．しかし，現実の情報社会は，個人の能力をパソコンが増幅して，多くの人々がコンピュータパワーの恩恵を手に入れられる時代として発展してきた．

コンピュータは，**文化**としてほぼ定着した．自動計算の道具ではなく，人間どうしのコミュニケーションの道具となり，いつの日にかわれわれの友となるための進化を続けている．現状では，コンピュータとしての見かけをとらない機器の方がはるかに多くなった．便利で快適なユビキタスコンピューティング環境を形成する努力が続けられている．文化としてのコンピュータは，自動計算機としての発想では考えることもできないほど，大きくて豊かな影響を，やがて人間社会にもたらすことだろう．

ルネサンス期以来，科学技術というのは，**人間主義**（humanism）という思想を出発点にしていたはずだった．しかし科学技術は，巨大化，複雑化，細分化して，人間を軽視しがちになり，環境破壊や資源枯渇などさまざまな問題を発生させてきた．その先で，われわれはもう一度，未来の友としてのコンピュータと出合うこととなった．

現在はまだまだ，本格的な情報社会の入口にいるにすぎない．技術的にも十分とはいえず，過渡期としての変化を続けざるをえない．コンピュータを使い

こなせる者と，使いこなせない者の間の**デジタルデバイド**（digital divide）といわれる**情報格差**を埋める努力も必要である。

ただ，将来的には，コンピュータが人間の雇用機会をどんどん奪うというよりは，各人の能力を生かし，より快適な仕事の環境を提供する方向へ作用する影響力の方が大きいと期待したい。情報ネットワークが整備されるとともに，在宅勤務などの新しい勤務形態が普及し，女性や高齢者や障害者などが才能を生かす機会が増えている。

近年は，発展途上国での情報通信ネットワークの発達もめざましく，世界の情報格差は急速に縮小している。世界中から**情報発信**されることにより，人々は世界の現状を知り，国際化がますます進展して，たがいの理解が深まるとともに，協力の輪が形成される可能性が増している。また，情報化が世界の貧富の差を縮小する強力な道具となっているといえる。

遠隔医療や遠隔教育など，人間の福祉に貢献し，健康的で知的で豊かな社会を築く努力に注目する人々が増えている。**コンピュータ支援教育**（computer assisted instruction，**CAI**）あるいは **e ラーニング**（e-learning）などと呼ばれる教育形態が急速に普及している時代である。

この社会がどうなっていくかは，この本を読み進んできたあなた自身も真剣に考えるべき問題であり，あなたもなんらかの貢献をすべきだと期待されている。未来社会とは，一人一人の**参加**を待っている社会だと思ってほしい。

この本では，コンピュータの技術的な話から始めて，この新しい科学技術が，世界になにをすることができるか，という可能性を述べながら終わることになった。未来をめざすわれわれの航海は，まだ始まったばかりである。

演 習 問 題

10.1 プログラムのバグが，1 ステップ当たり 0.01 ％ の確率で発生するとする。10 万ステップのプログラムにバグがない確率を求めよ。

10.2 3 人の市会議員 A，B，C がいる市議会で，総額 4 億円の予算の配分につい

て，表 10.3 のようにア，イ，ウの予算案が提出された．まずアとイの案について多数決が行われ，そこで残った案とウの案とで多数決が行われる．議員 A はどのように投票すべきだろうか．

表 10.3

	ア案	イ案	ウ案
議員 A	2 億円	1 億円	0 億円
議員 B	1 億円	0 億円	2 億円
議員 C	1 億円	3 億円	2 億円

10.3 公開鍵暗号には，**1 方向関数**（one-way function）と呼ばれる仕組みが用いられる．素数どうしの積を計算するのに比べて，その積をもとの素数どうしに素因数分解するのが非常に難しいのが例である．では，あなたには乱数で作ったパスワードが渡された．7258 である．しかし，パスワードのチェック担当者が，そのパスワードを漏らすといけないので，あなたが来るまでその数を知ることができない．どんな仕組みにすれば，チェック担当者があなたを通過させることができるかを考えよ．例えば，演習問題 8.6 の平方採中法を用いよ．

10.4 **IC タグ**（IC tag）について調べてみよ．**RFID タグ**（radio frequency indentification tag）ともいう．どのような用途が考えられるか．

10.5 **全地球測位システム**（global positioning system, **GPS**）はもともと軍事技術として開発された．ロボット技術と組み合わせたときの平和利用を考えよ．また軍事技術としての脅威について考察せよ．

10.6 もう一度，コンピュータのどこが好きで，どこが嫌いかを，自由に述べてみよ．その解答を，1 章の演習問題のときと比べてみよ（1 章の問題をまじめにやった人のみ）．

参 考 図 書

逢沢　明：ゲーム理論トレーニング，かんき出版（2003）
足達義則：コンピュータ概論，培風館（2003）
ノーマン・アブラムソン 著，宮川　洋 訳：情報理論入門，好学社（1969）
天野　司：Windows はなぜ動くのか，日経 BP 社（2002）
荒屋真二：人工知能概論，第 2 版，共立出版（2004）
荒屋真二：明快 3 次元コンピュータグラフィックス，共立出版（2003）
石井健一郎，上田修功，前田英作，村瀬　洋：わかりやすいパターン認識，オーム社（1998）
石原秀男，魚田勝臣，大曽根匡，斎藤雄志，出口博章，綿貫理明：コンピュータ概論，第 3 版，共立出版（2004）
稲垣耕作：コンピュータ基礎教程，コロナ社（2006）
井上政義，秦　浩起：カオス科学の基礎と展開，共立出版（1999）
茨木俊秀：情報学のための離散数学，昭晃堂（2004）
梅津信幸：あなたはコンピュータを理解していますか？，技術評論社（2002）
河西朝雄，河西雄一：はじめての Visual C#.NET，ナツメ社（2003）
小舘香椎子，上川井良太郎，中村克彦 著，岡部洋一，坂内正夫，小舘香椎子 監修：教養のコンピュータサイエンス　情報科学入門，第 2 版，丸善（2001）
駒谷昇一 編著，川合　慧 監修：情報と社会，オーム社（2004）
L・ゴールドシュレーガー，A・リスター 著，武市正人，小川貴英，角田博保 訳：計算機科学入門，第 2 版，近代科学社（2000）
笹尾　勤：論理設計，第 4 版，近代科学社（2005）
佐藤　章，神沼靖子 著，大野　豊 監修：情報リテラシ，第 3 版，共立出版（2000）
柴田望洋：新版 明快 C 言語　入門編，ソフトバンク パブリッシング（2004）
杉原厚吉：データ構造とアルゴリズム，共立出版（2001）
瀬戸洋一：サイバーセキュリティにおける生体認証技術，共立出版（2002）
高見有希：ホームページ・ビルダー V 9 パーフェクトマスター，秀和システム（2005）
アンドリュー・S・タネンバウム 著，水野忠則，相田　仁，東野輝夫，太田　賢，

西垣正勝 訳：コンピュータネットワーク，第 4 版，日経 BP 社（2003）

田村秀行：コンピュータ画像処理，オーム社（2002）

辻井重男，笠原正雄 編著：情報セキュリティ，昭晃堂（2003）

冨田博之：Fortran 90 プログラミング，培風館（1999）

中川聖一：パターン情報処理，丸善（1999）

中田育男：コンパイラ，オーム社（1995）

中村隆一，山住直政：学生のための基礎 C++Builder，東京電機大学出版局（2000）

日経パソコン 編：日経パソコン用語事典，日経 BP 社（2005）

新田克己：人工知能概論，培風館（2001）

橋本洋志，冨永和人，松永俊雄，小澤 智，木村幸男：図解コンピュータ概論 ソフトウェア・通信ネットワーク，改訂 2 版，オーム社（2004）

橋本洋志，松永俊雄，小澤 智，木村幸男：図解コンピュータ概論 ハードウェア，改訂 2 版，オーム社（2004）

林晴比古：新 Java 言語入門 スーパービギナー編，ソフトバンク パブリッシング（2002）

J・R・ピアース 著，鎮目恭夫 訳：記号・シグナル・ノイズ，白揚社（1988）

星野 力：誰がどうやってコンピュータを創ったのか？，共立出版（1995）

松下 温，重野 寛，屋代智之：コンピュータネットワーク，オーム社（2000）

矢沢久雄：コンピュータはなぜ動くのか，日経 BP 社（2003）

米田 完，坪内孝司，大隅 久：はじめてのロボット創造設計，講談社サイエンティフィク（2001）

演習問題の略解

1.2 ヒトの**ゲノム**（genome，生物個体の遺伝情報全体）は約30億文字で，1文字を2ビットで表現できる。つまり750メガバイトほどである。それを何円で記憶できるか考えてみるのも興味深い。日本人が1.2億人程度として，約90ペタバイトであるが，メモリコストとしては，すでにベンチャー企業でも保有可能だ。なお，生物情報をコンピュータで扱う分野を**生物情報学**（bioinformatics）という。

1.3 $2^{20}=1\,048\,576$。2^{100} は 10^{30} 以上の数である。1秒間に1ペタ回（10^{15} 回）の枝分かれを計算するコンピュータで 10^{15} 秒程度かかる。1年は約 3×10^{7} 秒であるので，3000万年以上。人類誕生からまだ数百万年である。

1.4 例えば以下のプログラム。10番地に頭の数，11番地に足の数を入れる。ツルとカメそれぞれの数を印刷して停止する。

番地	プログラム	
0	LOAD	10
1	MULTIPLY	12
2	SUBTRACT	11
3	DIVIDE	13
4	PRINT	
5	STORE	14
6	LOAD	10
7	SUBTRACT	14
8	PRINT	
9	HALT	
10	17	
11	44	
12	4	
13	2	
14	0	

1.5 記号処理型のコンピュータは，主として人工知能分野で研究されてきた。代数式の因数分解など，記号を使った数式の変形（数式処理）は，コンピュータの能力がとっくに人間を超えている。ワープロ機能などを実現するためにも，記号や

演 習 問 題 の 略 解　　***211***

文字を処理するコンピュータは適している．ただ，例えば積分公式の存在しない数式が数多くあるし，5次以上の方程式には解の公式が存在しないなどの問題がある．コンピュータ誕生当時には，精度の高い近似数値解を求める機械が選ばれた．記号処理型の計算は，そのようなコンピュータ上で，プログラムによって実現できる（9.1.5項も参照）．

2.1　1.5ビット
2.2　$H(0.05) \fallingdotseq 0.286$．すなわち元のデータの28.6％程度に圧縮できる．
2.3　（a）　14　　（b）　43　　（c）　0.625
2.4　（a）　100110001　　（b）　10.001　　（c）　$0.00\dot{1}\dot{1}$　（循環小数）
2.5　（a）　$(1100011010)_2$，$(31A)_{16}$　　（b）　$(1111101000)_2$，$(3E8)_{16}$
　　　（c）　$(11111010110)_2$，$(7D6)_{16}$
2.6　（a）　$(41)_{16}$　　（b）　$(37)_{16}$　　（c）　$(BB)_{16}$
2.7　信号が小さい部分では量子化幅を小さくし，信号が大きい部分では量子化幅を大きくすればよい．非線形量子化という．音楽情報の場合，信号のエネルギーレベルが100デシベル以上（エネルギーが10万倍以上）変化するので，通常14〜16ビット程度以上の量子化が必要である．
3.3　自分の名前，誕生日，電話番号などの個人情報や，辞書に載っているありふれた単語を用いたパスワードは非常に危険である．システム管理者用のパスワードにおざなりなものを用いると，万一見破られた場合，重要な情報を盗まれたり，システムを破壊されるおそれがある．
3.5　Base 64 では，任意のビット列を 6 ビットずつに区切る．000000〜111111 の各ビット列に対して，アルファベットの大文字と小文字の計 52 文字，数字 10 文字，そして「＋」と「／」の 2 文字を用いた 64 種類の文字を，この順で対応させる．6 ビット区切りで端数が出るとき，最後に「＝」を 1 個か 2 個つけて，その端数を示す．このようにすると，ASCII コードで任意のビット列を符号化できる．電子メール送受信の際に自動的に変換されるので，利用者が意識する必要はない．
3.6　複数のキーワードを入力すると，そのすべてを含むページを返す AND 検索となる．だんだんとキーワードを増やす絞り込み検索がよく用いられる．アルファベットの大文字と小文字は区別されず，送りがななど表記の揺れは，検索エンジン側である程度は自動対応してくれる．「http」など頻繁に用いられる語はストップ語句として除かれ，キーワードにできないが，その語の前に「＋」をつけるなどで検索対象とできる．一方，語の前に「−」をつけると，その語を含まないページを検索できる．また引用符でくくって "……" のようにして検索すると，長

い語句を検索対象とできる。特定の Web サイトだけ，特定のページにリンクしているページだけを指定した検索なども可能である。

4.1 以下は Fortran で書いてみた。

```
INTEGER I, X, MIN
DO I=1, 10
 READ *, X
 IF((I=1).OR.(X<MIN))MIN=X
END DO
PRINT *, '最小値＝', MIN
END
```

4.2 以下は Pascal で書いてみた。

```
program second_min(input,output);
 var i, x, min, min2, count: integer;
begin
 for i:=1 to 10 do
 begin
  read(x);
  if i=1 then
   begin min:=x; count:=1 end
  else if x<min then
   begin min2:=min; min:=x; count:=1 end
  else if (x=min) and (count=1) then
   begin min2:=x; count:=2 end
 end;
 writeln('second minimum = ',min2)
end.
```

4.3 値がごく近い数どうしの減算を行うと，有効数字の桁数が極端に減ってしまう。数値解析において，最も注意しなければならない問題である。

4.4 解図 4.1 のように非常に複雑な領域分けとなる。収束の速さによって，色の濃さを変え，また 4 色で色分けして表示するとよくわかる。これはカオスと呼ばれる数理現象の一例である（10.1.3 項の記述を参照）。

4.5 概念だけを解説した本が多いため，わかりやすいとはいえない。本文で述べた以外に，**多態性**（polymorphism），**オーバロード**（overload），**オーバライド**（override）などを知るとよい。型チェックの厳しい言語である。わかりにくさの主因は，初心者がプログラミングを行うときに，必要性の低い機能が多いからである。むしろイベント駆動型プログラミングの練習を集中的に行うのがよいだろ

解図 4.1

う。ただし，イベント駆動は，受動的に動く世界を構成できるだけである。それのみで自律分散協調動作のように誤解させる本や記事もあるので注意。

4.6 C#で書いたプログラム例である。ファイルを1つずつ計数する形にしたので，この部分を書き換えると，他の用途にも使える。

```
using System.IO;// ファイル機能を用いるための参照設定
private void button1_Click(object sender, System.EventArgs e)
{
 DirectoryInfo di=new DirectoryInfo("C:"/*フォルダを記述*/);
 textBox1.Text=countAllFiles(di).ToString();//ここで呼び出し
}
private int countAllFiles(DirectoryInfo di)
{
 int n=0;
 foreach(FileInfo fi in di.GetFiles())n++;//書き換えると他用途可
 foreach(DirectoryInfo di1 in di.GetDirectories())
  n+=countAllFiles(di1);//再帰呼び出し
 return n;
}
```

5.1 かつての BASIC で書いたプログラムを示す。「%」のつく変数は整数，「#」のつく変数は倍精度実数である。最近の Basic はもう少しスマートになったが，もはやあまり使い勝手のよい言語とはいえないのかもしれない。

```
10 DIM A%(100,100)
20 '配列Aには図形が読み込まれているとする
30 S#=0: SX#=0: SY#=0
40 FOR X%=0 TO 99
50 FOR Y%=0 TO 99
60 IF A%(X%,Y%)=0 THEN 100
70 S#=S#+1
80 SX#=SX#+X%
90 SY#=SY#+Y%
100 NEXT Y%
110 NEXT X%
120 PRINT "("; SX#/S#; ","; SY#/S#; ")"
130 END
```

5.2 近傍の判定だけで行える。注目する点の値が1のとき，そのまわりの8点のうちに，1つでも0があれば，その注目点は輪郭点であるとする。配列の上下左右の端は例外的な処理となるので注意してプログラムを書く。

5.3 二分探索法（8.1.3項を参照）を用いると，データ数 n に対して，$\log_2 n$ 回以下程度の比較で調べることができる。

5.4 動的計画法の応用問題であるので，その考え方に基づいてプログラムを書けばよい。通常，すべての道のりは正であるが，数学的には最短経路が存在する必要十分条件は，長さが負である閉路が存在しないことである。町Aから町Iへの道のりを L_I，隣接する町I，J間の道のりを D_{IJ} とする。

（1） $L_A=0$，それ以外の町への道のりは∞とせよ。

（2） 道のり最小の町Iを取り出し，Iが町Bなら終了。

（3） 町Iに隣接する全町Jに対して，L_J と L_I+D_{IJ} とを比較し，小さな方を L_J の値とせよ。

（4） （2）へ行け。

なお，（2）で道のり最小の町を取り出しやすくするために，ヒープ（heap）というデータ構造を用いることがある。興味があれば調べてみよ。

5.5 添え字0，4，2，6，1，5，3，7を2進表示すると，000，100，010，110，001，101，011，111 となる。上下の桁を反転すると，通常の0から7の2進表示になることがわかるだろう。

5.6 答えは示さないので，各自で解いて楽しんでみよ。9.1.3項の木探索法のアルゴリズムを参考にしてもよいが，人間が勘を働かせて解いた方が，コンピュータより速いことがあるかもしれない。

6.1 $2^{2^2}=16$ 個ある（**解表6.1**のとおり）。一般に n 変数の論理関数は，2^{2^n} 個ある。

演 習 問 題 の 略 解

解表6.1 2変数論理関数

A B	f_0	f_1	f_2	f_3	f_4	f_5	f_6	f_7	f_8	f_9	f_{10}	f_{11}	f_{12}	f_{13}	f_{14}	f_{15}
0 0	0	0	0	0	0	0	0	0	1	1	1	1	1	1	1	1
0 1	0	0	0	0	1	1	1	1	0	0	0	0	1	1	1	1
1 0	0	0	1	1	0	0	1	1	0	0	1	1	0	0	1	1
1 1	0	1	0	1	0	1	0	1	0	1	0	1	0	1	0	1

この個数は，$n=6$程度でも，$2^{26}=2^{64}>10^{19}$にもなり，超高速コンピュータの限界に達する。つまり，6変数の論理関数でさえ，そのすべてを調べ尽くした人はいない。

6.2 $A=0$のときにどう定義するかが問題になる。$A=0$のときには，Bの値にかかわらず1とする。**解表6.2**のとおり。

解表6.2

A	B	$A \Rightarrow B$
0	0	1
0	1	1
1	0	0
1	1	1

6.3 **解表6.3**のとおり。

解表6.3

左辺

A B C	$B \cdot C$	$A + B \cdot C$
0 0 0	0	0
0 0 1	0	0
0 1 0	0	0
0 1 1	1	1
1 0 0	0	1
1 0 1	0	1
1 1 0	0	1
1 1 1	1	1

右辺

A B C	$A+B$	$A+C$	$(A+B) \cdot (A+C)$
0 0 0	0	0	0
0 0 1	0	1	0
0 1 0	1	0	0
0 1 1	1	1	1
1 0 0	1	1	1
1 0 1	1	1	1
1 1 0	1	1	1
1 1 1	1	1	1

6.6 $1/(0.1 \times 0.9 + 1 \times 0.1) = 1/0.19 = 5.26$倍。ちなみに，ベクトル化率が95％のときでも，6.90倍である。ベクトル化率をかなり高くしないと，ベクトルコンピュータ本来の性能を十分に引き出せない。同様に超並列方式においても，100台のコンピュータを用いたとしても，100倍の性能になるわけではない。微分方程式の求解などは，局所的な処理の積み重ねであって，並列に一斉に行えるため，

216　演習問題の略解

スーパーコンピュータでの計算に向いている．しかし，並列計算に向かない問題も数多いことに注意せよ．

7.1　バスにつながった多数の機器が，ほとんど同時に大量のデータ転送を要求したとき，バスが性能のボトルネック（bottleneck）になる．コンピュータシステムの性能は，かなりの部分がバスの性能によって決まる．コンピュータシステムを設計するというのは，バスを設計するのと等しいほど，その設計は重要である．通常はシステム内部にいくつかのバスを設ける．

7.2　$1\,000 \times 1\,000 \times 30 = 3\,000$ 万．ディスプレイコントローラは，1秒間に3000万回のアクセスを行う．そのすき間にCPU側から書き込みを行う．したがって，最も高速な場合，1秒間に $3\,000$ 万 $\times 2 = 6\,000$ 万回のアクセスを行う可能性があり，1回のアクセスが16.7ナノ秒程度になる．メモリがこのスピードに対応できない場合，1回にアクセスするデータ幅を広げて，アクセス回数を減らすなどの工夫が行われる．映像表示用のメモリでは，CPUとコントローラの両者からのアクセスを行いやすいように，2ポートメモリというLSIを使用することがある．

7.3　多次元配列を処理する際，実メモリ上でとびとびにデータを処理していることがある．メモリ上でのデータの並びは，プログラム言語によって異なるため，あらかじめ調べる方がよい．大量のデータをとびとびに処理すると，キャッシュの入れ替えが極端に多くなり，1桁程度の速度低下を起こすことがある．プログラミングを工夫すると，この問題を避けられる場合がある．

7.5　割り込み処理ルーチンに制御を移す前に，CPUのすべてのレジスタの値を，メモリの特定領域に保存する．割り込みから復帰するとき，その値をすべてのレジスタに戻す．

7.6　デッドロックが起こり，処理を遂行できなくなるおそれがある．デッドロックを避けるには，(1) 排他的に資源を使う際，資源を**ロック**（lock）する順を，全プロセスで同一にする，(2) 応答時間を超過した際，**タイムアウト**（time-out）信号が発生する仕組みを入れておく，などの方法を用いる．

8.1　100キロバイト $\times 250$ ページ $\times 10^8$ 冊 $= 2.5 \times 10^{15}$ バイト $= 2.5$ ペタバイト．1万円 $\times 1$ 億冊 $= 1$ 兆円．2.5ペタバイト程度の記憶装置は，1テラバイト1万円で計算しても，2500万円程度で安価である．一方，電子化の人件費は非常に高い．このような電子図書館が本格的に実現されつつある．

8.2　表1：{A,B,C,D}　　表2：{B,E,F}　　表3：{D,G,H}

8.3　(a)　$ABC*+$
　　　(b)　$ABC-D*CF/+/$
　　　(c)　$XAB+AC+*D+E/YF/-*$

演 習 問 題 の 略 解   *217*

8.4 （a） $A-B-C$
　　（b） $A-(B-C)$
　　（c） $\{(A+B)-(C-D)\}*E/(F*G+H)$

8.5 逆ポーランド記法では，2項演算子の「－」と，単項演算子の「－」とで，異なる記号を用いる。単項演算の場合は，スタックトップのデータをポップし，それに演算を施して，結果をスタックトップにプッシュすればよい。

9.1 $\log_2(2^{30}\times 2^{10})=40$。1024台のプロセッサを並べても，$n=40$程度まで解けるようになるにすぎない。1メガ台のプロセッサの並列処理でも，$n=50$まで解ける程度である。もし並列化が困難な部分があれば，性能を十分に発揮できないこともある。

9.2 後手の必勝である。このゲームでは，最初のマッチ棒の本数を3で割って1余るとき，後手必勝。それ以外のときは，先手必勝になる。

9.5 ちょうつがいの位置とノブの軌跡を，視覚情報から正確に計算するのは困難である。ちょうつがいが見えないこともある。ロボットの腕に力を検知するセンサを備え，その応答をもとにしながら，適応的に力を加える制御法がよい。そうでないと，力の強いロボットの場合には，ドアを壊してしまうことがあるだろう。

10.1 $(1-0.0001)^{100000}=4.54\times 10^{-5}$。すなわち，まったくバグのない確率は，0.00454%にすぎない。

10.2 各議員が毎回，獲得予算の多い方に投票すると，アとイの案では，アの案が残り，次にアとウの決戦投票になって，ウの案が選ばれる。これではA議員の獲得予算は0になる。そこで，最初のアとイの案の投票で，A議員がイ案に投票すると，イとウの決戦投票でイ案が残り，A議員は1億円の予算を獲得できる。なお，採決順を変更して，イとウの案の投票を最初にして，その後，ア案との投票を行うという動議を通せば，A議員は2億円の予算を獲得できる可能性がある。

10.3 平方採中法によって，$7258^2=52678564$ という計算での，中間の4桁6785をチェック担当者に教えておく。その6785から7258を求めるのは，総当たりに近い計算となるため，チェック担当者は真のパスワードを知りにくい。しかし，2乗を計算するだけで，パスワードのチェックはできる。なお，1回使うだけでパスワードを知られてしまうため，毎回パスワードを変えるのがよい。**使い捨てパスワード**（one-time password）という。

索　　引

【あ】

アイコン　　　　　　　　　　78
あいまいさ　　　　　　　　170
アーカイバルメモリ　　　　133
アーカイブ　　　　　　　　 31
アクセス管理　　　　　　　149
アセスメント　　　　　　　205
アセンブラ　　　　　　　　 62
アセンブラ言語　　　　　　 62
遊　び　　　　　　　　　　163
圧　縮　　　　　　　　　　 30
圧縮率　　　　　　　　　　 31
後入れ先出し　　　　　　　157
後戻り　　　　　　　　171, 198
アドレス指定方式　　　　　121
アナログ　　　　　　　　　 4
アナログ情報　　　　　　　 21
アプリケーション層　　　　 46
誤り検出　　　　　　　　　 35
誤り訂正　　　　　　　　　 36
アルゴリズム　　　　　　　 82
　　──の設計　　　　 83, 101
アロー　　　　　　　　　　199
暗　号　　　　　　　　200, 203
暗号化　　　　　　　　　　200
安全性　　　　　　　　　　202

【い】

囲　碁　　　　　　　　 98, 168
イーサネット　　　　　　　 48
移　植　　　　　　　　　　137
一般不可能性定理　　　　　199
遺伝的アルゴリズム　　　　178
移動体通信　　　　　　　　 40
イベント　　　　　　　　　164
イベント駆動　　　 78, 175, 213
意　味　　　 30, 155, 170, 174

意味解析　　　　　　　　　155
意味ネットワーク　　　　　172
イモビライザ　　　　　　　203
因数分解　　　　　　　174, 210
インスタンス　　　　　　　 77
隠線消去　　　　　　　　　162
インターネット　　　 39, 47, 50
インタフェース　　　　　　125
インタプリタ　　　　　　66, 80
インタラクティブ　　　　　 16
インデキシング　　　　　　150
インテル 4004　　　　　 14, 121
インバータ　　　　　　　　109
隠面消去　　　　　　　　　162

【う】

ウィーナ　　　　　　　　　204

【え】

衛星通信　　　　　　　　　 40
エキスパートシステム　　　175
エージェント　　　　　　　175
エージェントシステム　　　198
枝　　　　　　　　　　　　167
枝刈り　　　　　　　　　　168
エネルギー最小化　　　　　178
遠隔医療　　　　　　　　　206
遠隔教育　　　　　　　　　206
演算回路　　　　　　　　　 8
演算レジスタ　　　　　　　 8
円周率の計算　　　　　　　 3
エントロピー　　　　　　　 29
エントロピー関数　　　　　 29

【お】

オイラー　　　　　　　　　101
応答時間　　　　　　　　　145
オーダ　　　　　　　　　　 91

オートマトン　　　　　　　120
オーバヘッド　　　　　　　143
オーバライド　　　　　　　212
オーバロード　　　　　　　212
オブジェクト指向
　　　　　　　76, 164, 173, 189
オブジェクト指向データベース　　　　　　　　　　　　154
オブジェクトプログラム
　　　　　　　　　　　 66, 155
オープンシステム　　　　　145
オープンソースソフトウェア
　　　　　　　　　　　　　134
オペレーティングシステム
　　　　　　　　　　　　　133
重　み　　　　　　　　　　176
音響情報の圧縮　　　　　　 34
音声認識　　　　　　　181, 183
オントロジー　　　　　　　173
オントロジー記述言語　　　174
オンラインシステム　　14, 145
オンラインショッピング　　 41
オンライン認識　　　　　　181

【か】

回線交換　　　　　　　　　 41
階　層　　　　　45, 129, 136, 152
階層データモデル　　　　　152
快適性　　　　　　　　　　 39
回転子　　　　　　　　　　 92
解　凍　　　　　　　　　　 31
解　読　　　　　　　　　　200
概念スキーマ　　　　　　　152
外部スキーマ　　　　　　　152
開放型システム間相互接続
　　　　　　　　　　　　　 45
カオス　　　　　　　　191, 212
科学技術　　　　　　　　　205

索引

可逆圧縮		31
核		136
学習		176
隠れマルコフモデル		183
可視化		163
仮数部		25
画素		33
仮想化		135
仮想記憶		131
仮想現実感		163
画像処理		179
型チェック		212
カテゴリ検索型		58
かな漢字変換		17, 171
カーネル		136
カプセル化		77
可用性		135
仮引数		75
感覚層		177
関係データベース		152
関係データモデル		152
関数		74
感性		163
簡単化		113
管理社会		205

【き】

木		167, 168
偽		103
記憶階層		129
記憶管理		138
記憶保護		138
機械語		60
議会図書館		165
機械との共生		202
機械翻訳		169, 171
記号主義		176
記号処理		210
騎士の周遊		99
擬似乱数		164, 165
木探索		167, 171, 214
揮発性		117
キーボード		16
基本参照モデル		45
機密保護		149
逆ファイル		151

逆ポーランド記法		156
逆理		195
キャッシュメモリ		130
キュー		144
教師あり学習		178
教師なし学習		178
共通鍵暗号		200
局所性		130
局所的		181, 185, 215
キーワード検索型		57
近傍演算		181

【く】

句構造文法		170
クッキー		57
区点コード		27
組み合わせ回路		111
組み合わせ爆発		99
組み込み OS		134
組み込み関数		72
クライアント		49
クライアントサーバシステム		49
クラス		76
クラスタ分類		178
クラスタマシン		122
クラッカー		204
グラフ		100
グラフィカルユーザインタフェース		136
グリッドコンピューティング		124
グレゴリオ暦		84
クロスバースイッチ		122
グロッシュの法則		13
グローバル IP アドレス		51
クローラ		57

【け】

計算		193
——の手順		5
——の複雑さ		91
計算精度		4
計算量		91
芸術		163, 205
芸術作品		189

継承		77
形態素解析		170
携帯電話網		42
ゲイツ		160
桁あふれ		25
桁落ち		81
決定不能性		195
決定論的		191
ゲーデル		195
ゲート		108
ゲートウェイ		49
ゲノム		210
ゲーム機		187
ゲームの対戦		166
ゲーム理論		196
健康		204
検索		148
検索エンジン		57, 59
検索サイト		57
現代数学		195

【こ】

語		8
広域ネットワーク		47
公開鍵暗号		200, 207
光学的文字読み取り装置		181
高級言語		63, 154
工業所有権		203
工業製品		189
交差		179
公衆無線 LAN		43
更新		148
高水準言語		63
光線追跡法		162
構造化プログラミング		188
構造体		73
高速フーリエ変換		92
広帯域		40
高度性		23
構文		155
構文解析		155
構文木		169
互換性		60
国際電気通信連合		45
国際標準		44
国際標準化機構		27, 45

220 索　　　　引

黒板モデル　　　　　　175
国民総背番号制　　　　205
コサイン変換　　　　　183
誤差逆伝搬　　　　　　177
個人情報　　　148, 201, 202
個人情報保護法　　　　203
コスト　　　　　　　　172
国会図書館　　　　　　165
コード　　　　　　　　 26
コード生成　　　　　　155
コネクショニズム　　　176
コネクション　　　　　 52
コネクションレス　　　 52
コーパス　　　　　　　171
コマンドラインシステム　78
コメント　　　　　　　 73
雇　用　　　　　　　　206
娯　楽　　　　　　　　 39
コール　　　　　　　　 74
コントローラ　　　　　127
コンパイラ　　　　 66, 154
コンパイル　　　　　　 66
コンパクト　　　　　　 24
コンピュータ　　　　　　1
　――の歴史　　　　　 11
コンピュータアーキテクチャ
　　　　　　　　　　　 61
コンピュータアート　　163
コンピュータウイルス　 17
コンピュータ援用設計　161
コンピュータグラフィックス
　　　　　　　161, 191, 192
コンピュータ支援教育　206
コンピュータと通信の融合
　　　　　　　　　　　 14
コンピュータトモグラフィ
　　　　　　　　　　　 92
コンピュータビジョン　183

【さ】

災害対策　　　　　　　204
再帰的　　　75, 95, 159, 172
最急降下法　　　　　　178
再現性　　　　　　　　 22
最小化　　　　　　　　113
在宅勤務　　　　　　　206

最短経路　　　　102, 214
最長一致法　　　　　　171
最適性の原理　　　　　 96
サイバネティクス　　　204
サイバー犯罪条約　　　204
最良優先探索　　　　　172
先入れ先出し　　　　　144
座席予約システム
　　　　　　14, 43, 145, 149
サーバ　　　　　　49, 134
サブルーチン　　　 74, 170
参　加　　　　　　　　206
三段論法　　　　　　　 66
算　法　　　　　　　　 82

【し】

視　覚　　　　　　　　183
しきい値　　　　　　　176
磁気ディスク　　　　　 17
識　別　　　　　　　　181
識別関数　　　　　　　182
字句解析　　　　　　　155
資　源　　　　　　　　134
資源最適配分問題　　　 95
自己言及　　　　　　　195
自己相似　　　　　　　191
自己組織化　　　　　　176
事実上の標準　　　　　 44
指数部　　　　　　　　 25
システム　　　　　　　125
システム管理者　　　　211
システムコール　　　　141
システムソフトウェア　133
自然言語処理　　　　　169
自然選択　　　　　　　179
実　行　　　　　　　　 60
実行サイクル　　　　　 9
実引数　　　　　　　　 75
実　表　　　　　　　　153
ジップの法則　　　　　191
私的複製権　　　　　　203
自動推論　　　 66, 175, 196
自動プログラミング　　 64
シフトJISコード　　　 27
時分割処理システム　14, 145
絞り込み検索　　　　　211

嶋　正利　　　　　　　 14
シミュレーション　 77, 163
指　紋　　　　　　　　201
シャノン　　　　　 28, 103
集合論　　　　　　105, 195
囚人のジレンマ　　　　196
集積回路　　　　　　　 13
集中処理　　　　　　　 46
自由電子　　　　　　　108
周辺装置　　　　　　　 17
住民基本台帳ネットワークシ
　ステム　　　　　　　205
主キー　　　　　　　　152
主記憶　　　　　　　8, 116
縮小命令セットコンピュータ
　　　　　　　　　　　121
述語論理　　　　　　　174
巡回セールスマン問題　100
順序回路　　　　　119, 193
将　棋　　　　　　　　168
情景解析　　　　　　　183
状　態　　　　　　　　120
状態機械　　　　　　　120
冗長性　　　　　　　　 36
商標権　　　　　　　　203
情報圧縮　　　　　　　 28
情報格差　　　　　　　206
情報洪水　　　　　　　147
情報社会　　　　　202, 205
情報セキュリティ　　　200
情報通信基盤　　　　　 40
情報発信　　　　　　　 15
情報リテラシー　　　　 16
情報量　　　　　　　　 29
　――の加法性　　　　 29
情報理論　　　　　 28, 34
静脈パターン　　　　　201
ジョブ　　　　　　137, 142
真　　　　　　　　　　103
進　化　　　　179, 192, 205
人工生命　　　　　　　192
人工知能
　　　15, 66, 164, 166, 187, 196
人工網膜　　　　　　　199
深層格　　　　　　　　173

伸　張	30	専用線サービス	43	多様化	15	
信頼性	22,34,135,202	戦　略	196	ターンアラウンド時間	145	
真理値表	104			単精度	26	

【す】

		【そ】		【ち】	
スイッチングハブ	49	相互作用	197	チェイン符号化	186
数学の基礎	195	相互排除	144	チェス	99,166,168
数式処理	174,210	操作ミス	203	チェッカー	166
数値解析	71,164	双対性	107	逐次処理	140
数値データ	147	双方向	41	逐次ファイル	139
スキーマ	152	属　性	77,152	知識工学	175
スクリプト言語	66,80	ソケット	52	知識表現	172
スケジューラ	143	ソース	108	知識ベース	173,175
スケジューリング	143	ソースコード	66	チップ	13,108
スター型ネットワーク	46	ソースプログラム	66,155	知的財産権	203
スタック	157,170	ソーティング	86	チャネル	108
スタックポインタ	157	ソート	86,150	中央集中型	14
スタティックRAM	117	ソフトウェア	7	中央処理装置	8
ストップ語句	211	ソフトウェア開発キット	76	中間言語	66
ストリーミング	52	ソフトウェア危機	188	中点変位法	163,191
スーパーコンピュータ		ソフトウェア工学	188	チューリング	193
	122,168	ソフトウェア特許	203	チューリング機械	193
スループット	134			チューリングテスト	175
スレッド	143	【た】		超LSI	15
		第1正規形	153	頂　点	100
【せ】		第2正規形	153	超並列コンピュータ	122
正規形	153	第3正規形	153,165	著作権	203
静止画の圧縮	32	第5世代コンピュータ	175	著作者人格権	204
生体認証	201,203	大英図書館	165		
精　度	21	大規模集積回路	13	【つ】	
生物情報学	210	大局的な解釈	185		
制約伝搬	183	ダイナミックRAM	116	通　信	39
整　列	86	タイムアウト	216	通信自由化	43
セカンドレベルドメイン	51	タイムスライス	143	通信と放送の融合	41
セキュリティ	17,135,200	大量情報	148	ツェラーの公式	84
セクタ	18	ダウンロード	55	使い捨てパスワード	217
セッション層	46	タグ	55	積み木の世界	174
節　点	167	多重化	146,203		
セマンティックWeb	173	多重プログラミング	142	【て】	
セルラ方式	42	多数決	176,198,207	低コスト	24
全加算器	114	多数決関数	113	停止問題	194
線　形	177	タスク	142	ディスクキャッシュ	133
線形探索	150	多態性	212	ディスパッチャ	143
全地球測位システム	207	多体問題	190	ディレクトリ	138
全二重	44	多段決定過程	96	適　応	192
全文検索	171	縦形探索	171	適応的	176,217
		タプル	152	テキストファイル	139

テクスチャマッピング 162	統合開発環境 78	ネットマスク 51
デジタル 4	同軸ケーブル 43	ネットワーク層 46
デジタル記録媒体 23	導出原理 175	ネットワークデータモデル 152
デジタル情報 21	動的計画法 95,183,214	ネットワークトポロジー 46
デジタル著作権管理 204	投票のパラドックス 198	ネットワーク番号 51
デジタル通信 39	特徴抽出 181	
デジタルデバイド 206	特定話者 181	【は】
デスクトップ検索 171	トークンリング 48	葉 167
データ構造 73	特許権 203	バイオコンピュータ 199
データ通信 43	突然変異 179	バイオメトリクス 201
データの一元管理 149	トップダウン解析 183	倍精度 26
データの独立性 149	トップレベルドメイン 51	排他制御 149
データベース 148	ドメイン名システム 51	排他的論理和 111,151,177
データベース管理システム 148	ド・モルガンの法則 105	バイト 16
データベース言語 154	トラック 18	バイナリファイル 139
データベース操作言語 154	トランジスタ 107,200	ハイパーテキスト 54
データベース定義言語 154	トランスポート層 46	ハイパーリンク 54,55
データマイニング 154	ドレイン 108	パイプライン処理 122
データモデル 152	【な】	配列 73
データリンク層 46	内部スキーマ 152	破壊防止 202
手続き 74,82	流れ図 6	バグ 70,188,203
デッドロック 144,216	【に】	パケット交換 41
デバイスドライバ 19,137	二重化 146	バス 125
デバッガ 70	二足歩行ロボット 16	パス 55
デーモン 175	二分探索 150,214	バス型ネットワーク 47
デュアルシステム 146	日本語ワードプロセッサ 14	パスカルの計算器 3
デュプレックスシステム 146	ニーモニック 62	パスワード 58,211
電界効果トランジスタ 107	ニュースグループ 53	パーセプトロン 177
天気予報 123,191	ニュートン法 71	パソコン 2,14
電子掲示板 53	ニュートン力学 191	パーソナルコンピュータ 2
電子署名 201	ニューラルネットワーク 176	パターン情報処理 179
電子透かし 204		パターン認識 181,187,201
電子図書館 165	ニューロコンピュータ 176	ハッカー 204
電磁波 204	ニューロン 176,199	バックアップコピー 203
電子ペーパ 200	人間主義 205	バックギャモン 166
電子マネー 203	認証 201	発見的 168
電子メール 53,58	認知科学 175	ハッシュ法 151
電話 41	【ね】	バッチ処理 145
電話音声 34	根 167	発展途上国 41,206
【と】	ネイティブコード 67	バッファメモリ 20
統一性 23	ネガティブフィードバック 195	ハードウェア 7
動画の圧縮 33		ハードディスク 18,127
同期式順序回路 120	ネチケット 204	バーナーズ-リー 54
		ハフマン符号化 31
		バブルソート 86

索　　　　引　　**223**

ハミルトン閉路	100
パラドックス	195, 197
パリティゲート	111
パリティ検査	35
パリティビット	35
半加算器	114
番　地	8
半導体	107, 200
半二重	44
反応層	177
万能チューリング機械	193

【ひ】

ピアツーピア	204
非可解性	195
非可逆圧縮	31
光コンピュータ	199
光ディスク	17
光ファイバ	43
ビジネスモデル特許	203
ビジュアルプログラミング	78
非線形	177, 191
非線形量子化	211
ビット	4, 29
ヒット率	131
否　定	195
ビデオオンデマンド	41
非同期式順序回路	120
ヒト型ロボット	16
一筆書き	100
非ノイマン型コンピュータ	199
ヒープ	214
秘密鍵暗号	200
ビュー表	153
ヒューマンインタフェース	15
ヒューリスティック	168
評価関数	168, 172
表現形式の変換	23
表現の自由	204
標準化	44, 126
表層格	173
標本化周波数	32
標本化定理	31

【ふ】

ファイアウォール	17
ファイル	18
ファイル管理	138
ファイル交換	204
ファイル転送	53
ファジー論理	176
ファームウェア	62
フィードバック	119
フェッチサイクル	9
フェルマーの最終定理	102
フォルダ	138
不確定性原理	191
不完全性定理	195
復号化	30
複雑系	189
複雑さの壁	187
輻輳	43
符　号	26
符号化	30
不正コピー	23, 203
布線論理	62
プッシュ	157
物体認識	183
物理層	46
浮動小数点	25
不特定話者	181
冬の時代	174
プライベートIPアドレス	51
ブラウザ	54
プラグアンドプレイ	19
フラクタル	191
フラッシュメモリ	117
フーリエ変換	183
ブリッジ	49
フリップフロップ	118
プリンタ	126
ブール代数	104
ブール論理	103
プレゼンテーション層	46
フレーム	173
フレーム間相関	33
プロキシサーバ	51
ブログ	53
プログラマ	63

プログラミング	63
プログラム	7, 60
プログラムカウンタ	8
プログラム言語	63
プログラム内蔵式コンピュータ	7
プロセス	137, 142
プロセス間通信	144
プロセス間同期	144
プロセス管理	140
プロダクションシステム	175
フローチャート	6
ブロック	131
ブロードキャスト	51
プロトコル	44
ブロードバンド	40
ブロードバンド回線	43
プロンプト	78
文　化	205
分割統治法	95, 96, 170
分散型	15
分散型ネットワーク	46
分散処理	47
文　法	63
文脈自由文法	170
文　明	40

【へ】

平均情報量	29
並行処理	135, 141
併合ソート	87
平方採中法	165, 207
並列処理	141
べき乗則	191
ベクトル化	124
ベクトルコンピュータ	122
ページング	132
ヘッダ	41
辺	100
ベン図	105
変復調装置	44

【ほ】

ポアンカレ	191
保守性	135

補助記憶装置	18	【む】		ユニコード	27
補数	25			ユビキタスコンピューティング	15, 205
ホストコンピュータ	46	ムーアの法則	15		
ホスト番号	51	ムカデのゲーム	197	【よ】	
保全性	135	無限	195		
ポータルサイト	57	虫	70	横形探索	171
ポップ	157	虫取り	70	予測	191
ポート番号	52	矛盾	195	より対線	43
ボトムアップ解析	183	無線通信	40		
ボトルネック	216			【ら】	
ホームページ	54	【め】			
ポーランド記法	156	命題	103	ライブラリ	66
ポリゴン	161	命題論理	103	ラウンドロビン	143
		命令	7	ラジオシティ	162
【ま】		命令セット	10, 60, 121	ラプラシアン演算子	180
マイクロコントローラ	1	命令レジスタ	8	ラン	60
マイクロコンピュータ	1	迷惑メール	203	乱数	163, 164, 178
マイクロプログラム	62, 121	メインフレーム	145	ランダムファイル	139
マイクロプロセッサ		メソッド	74, 76	ランレングス符号化	31
	14, 109, 121	メッセージ	41		
マイコン	1	メニュー	78	【り】	
マウス	16	メモリ	5, 8	リアルタイム処理	145
前処理	181	メーリングリスト	53	離散コサイン変換	33
マークアップ言語	55	メールサーバ	53	離散フーリエ変換	92
マザーボード	62			リターン	74
マージソート	87	【も】		立体視	185
マスクROM	117	文字情報	147	リピータ	49
待ち行列	164	文字認識	181	リフレッシュ	117
マルチウィンドウシステム		モジュール	188	領域分割	183
	78	モデム	44	量子暗号	201
マルチコア	121, 141	モデリング	161	量子化誤差	32
マルチスレッド	143	モデル	163, 183	量子コンピュータ	200
マルチタスク	143, 175	モニタ	133	量子力学	191
マルチプログラミング	142	問題解決	166	リンク集	58
マルチプロセス	143	モンテカルロ法	164	倫理	16
マルチメディア					
	23, 30, 39, 147	【や】		【る】	
マルチユーザシステム	145	焼きなまし	178	ルータ	49
マンデルブロー集合	189	山登り法	178	ルーティング	50
				ルートディレクトリ	138
【み】		【ゆ】		ルートドメインサーバ	52
ミドルウェア	137	有害情報	204		
ミニマックス戦略	168	有機エレクトロニクス	200	【れ】	
民主主義	199, 204	有限要素法	164	レイトレーシング	162
		優先順位	129, 143	歴史年表	12
		有線通信	40	レコード	139
				レジスタ	8, 119

索引　225

連合層		177
レンダリング		162

【ろ】

ローカルエリアネットワーク		47
ロック		216
ロボット		16, 175, 186, 188, 196
——の目		183
ロボット型		57
ロボット工学		175
ロボティクス		175
論理回路		108
論理関数		105, 214
論理ゲート		108
論理式		105
論理積		104
論理代数		104
論理否定		104
論理和		104

【わ】

ワイヤフレームモデル		161
ワークステーション		14
割り込み		127, 141, 175
割り込み処理ルーチン		128, 137, 146
ワールドワイドウェブ		54

【数字】

1の補数		25
1方向関数		207
2次元線画の解釈		183
2次元パリティ検査法		36
2進法		24
2の補数		25
2ポートメモリ		216
3次元コンピュータグラフィックス		161
3層スキーマ		152
4色問題		102
8進法		24
16進法		24

【A】

AAC	34
ABCマシン	11
A-D変換	32
AES	200
AI	166
AL	192
ALGOL	64
AND	104
AND/OR木	168
AND検索	211
AND節点	167
Apache	55
APL	65
ARPANET	50
ASCII	26, 211
ATRAC3	34
AVI	33
A*アルゴリズム	172

【B】

B	16
Base64	59, 211
Basic	64
BASIC	160
BBS	53
BIOS	62
BMP	33
bps	17

【C】

C	64
Cab	31
CAD	161
CAI	206
CATV	41
CG	161
CGI	81
CISC	121
CMOS	109
COBOL	65
CPU	8, 110, 121
CSMA/CD	48
CSVファイル	139
CT	92
C++	78
C#	78

【D】

D-A変換	32
DBMS	148
DCT	33
Deep Blue	168
DFT	92
DivX	33
DMA	127
DNAコンピュータ	200
DNS	51
DNSサーバ	51
DP	95
DRAM	116, 131
DRM	204

【E】

EBCDIC	28
EBCDIK	28
EDSAC	13
EEPROM	117
ENIAC	2, 6, 11, 122
EOF	139
EPROM	117
EUC	28
eラーニング	206

【F】

FEM	164
FeRAM	117
FET	107, 92
FIFO	144
Flash	34, 81
FLOPS	122
Fortran	63, 64
FTP	53
FUJIC	13
f分の1ゆらぎ	191

【G】

GA	178
GIF	33
goto文	189
GPS	207
GUI	136

【H】

H.261	33
H.264	33
H.323	33
HDLC手順	46
HMM	183
HTML	53, 55, 80
HTTP	52, 53, 54
HTTPS	53

【I】

IBM 360シリーズ	13
IBM 701	13
IC	13
ICタグ	207
IDE	78
IEEE方式	26
IIS	55
IMAP	53
IP	50
IPv4	50
IPv6	51
IPアドレス	50
ISO	27, 45
ISO-2022-JP	27
ITU	45
IT革命	40

【J】

Java	64, 78
JavaScript	80
Javaアプレット	80
JIS	26
JIS漢字コード	27
JITコンパイラ	67
JPEG	32

【L】

LAN	47
LHA	31
LIFO	157
Lisp	66
LRU	131
LSI	13

【M】

MACアドレス	51, 53
MARS-1	43
MIDI	34
MIME	58
MOSトランジスタ	107
MP3	34
MPEG	33
MPU	8
MRAM	117

【N】

NAND	109
NAND型フラッシュメモリ	117
NOR	109
NOR型フラッシュメモリ	117
NOT	104
NP完全	101, 196
nグラム	171

【O】

OCR	181
OODB	154
OR	104
OR節点	167
OS	133
OSI	45
OUM	117
OWL	174

【P】

P2P	204
Pascal	64
Perl	80
PFLOPS	122
PHP	80
PnP	19
$P \neq NP$?	102
POP3	52, 53
PPP	53
PPPoE	53
private	77
Prolog	66
PROM	117
PtoP	204
public	77

【Q】

QT	33

【R】

RAM	116
RAS	135
RASIS	135
RDB	152
RDF	58
RFIDタグ	207
RISC	121
RM	33
ROM	117
RSA暗号	201
RSS	58

【S】

SAGE	43
SDK	76
SGML	55
Simula67	77
SMTP	52, 53
SQL	154
SRAM	117, 131
SSL	53

【T】

TAR	31
TCP	52
TCP/IP	50
Telnet	53
TSS	14, 145

【U】

UDP	52
URL	55

【V】

VBScript	80
Visual Basic	64
VLSI	15
VOD	41
void	75
VR	163

【W】

W3C	55
WAN	47
WAVE	34
Web	54
Web 検索	57, 171
Web サイト	54
Web サーバ	53, 54, 81
Web ブラウザ	53, 54
Web ページ	54, 80
WMA	34
WMV	33
WWW	54
WWW コンソーシアム	55

【X】

XHTML	57
XML	57, 58
XOR	111

【Z】

Zip	31
Z バッファ法	162

―― 著者略歴 ――

1972 年 京都大学工学部電子工学科卒業
1977 年 京都大学大学院工学研究科博士課程修了
1982 年 京都大学助教授
2007 年 京都大学准教授
2013 年 退職

専門：知能情報学，情報物理学，情報文明学
Pattern Recognition Society 論文賞などを受賞
政府関係の委員を歴任し，マルチメディア・科学思想・科学技術政策にも詳しい
ペンネーム逢沢明でも幅広い著作多数
主な著書：
電気工学事典（共著，朝倉書店，1983 年）
転換期の情報社会（逢沢明，講談社現代新書，1992 年）
情報工学実験（共著，オーム社，1993 年）
ネットワーク思考のすすめ（逢沢明，PHP 新書，1997 年）
複雑系は，いつも複雑（逢沢明，現代書館，1997 年）
複雑系を超えて（共著，筑摩書房，1999 年）
ゲーム理論トレーニング（逢沢明，かんき出版，2003 年）
コンピュータ基礎教程（コロナ社，2006 年）

理工系のコンピュータ基礎学
Computer Science : Basic Course　　　　　　　© Kosaku Inagaki　2006

2006 年 3 月 20 日　初版第 1 刷発行
2021 年 12 月 20 日　初版第 15 刷発行

検印省略	著　者　　稲　垣　耕　作
	発行者　　株式会社　コロナ社
	代表者　牛来真也
	印刷所　　新日本印刷株式会社
	製本所　　有限会社　愛千製本所

112-0011　東京都文京区千石 4-46-10
発行所　株式会社　コロナ社
CORONA PUBLISHING CO., LTD.
Tokyo Japan
振替 00140-8-14844・電話(03)3941-3131(代)
ホームページ https://www.coronasha.co.jp

ISBN 978-4-339-02413-5　C3055　Printed in Japan　　　　　（佐藤）

<出版者著作権管理機構　委託出版物>
本書の無断複製は著作権法上での例外を除き禁じられています。複製される場合は，そのつど事前に，出版者著作権管理機構（電話 03-5244-5088，FAX 03-5244-5089，e-mail: info@jcopy.or.jp）の許諾を得てください。

本書のコピー，スキャン，デジタル化等の無断複製・転載は著作権法上での例外を除き禁じられています。購入者以外の第三者による本書の電子データ化及び電子書籍化は，いかなる場合も認めていません。
落丁・乱丁はお取替えいたします。